CW00348613

1 MONTH OF
FREE
READING

at

www.ForgottenBooks.com

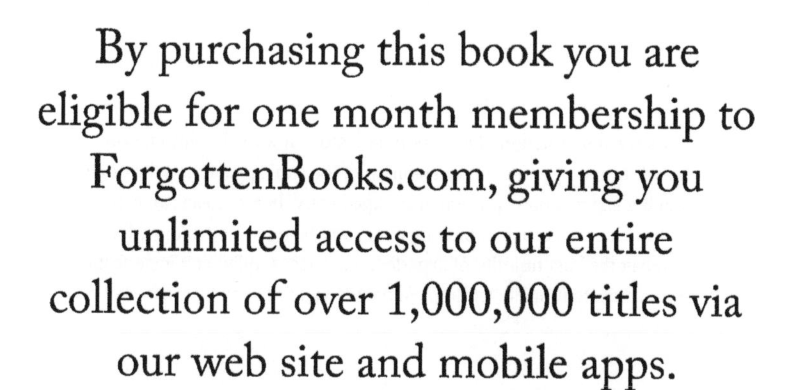

By purchasing this book you are eligible for one month membership to ForgottenBooks.com, giving you unlimited access to our entire collection of over 1,000,000 titles via our web site and mobile apps.

To claim your free month visit:

www.forgottenbooks.com/free1002220

* Offer is valid for 45 days from date of purchase. Terms and conditions apply.

ISBN 978-0-331-01121-0
PIBN 11002220

This book is a reproduction of an important historical work. Forgotten Books uses state-of-the-art technology to digitally reconstruct the work, preserving the original format whilst repairing imperfections present in the aged copy. In rare cases, an imperfection in the original, such as a blemish or missing page, may be replicated in our edition. We do, however, repair the vast majority of imperfections successfully; any imperfections that remain are intentionally left to preserve the state of such historical works.

Forgotten Books is a registered trademark of FB &c Ltd.
Copyright © 2018 FB &c Ltd.
FB &c Ltd, Dalton House, 60 Windsor Avenue, London, SW19 2RR.
Company number 08720141. Registered in England and Wales.

For support please visit www.forgottenbooks.com

---

*) Die römische Zahl deutet auf die Klasse, und di kleine auf die Ordnung, welche oben auf dem Tex-te und den Kupfertafeln angemerkt sind, und nac welchen die Kupfertafeln aufgesucht werden müssen

Gentiana obtusifolia.
— pannonica.
— punctata.
— pyramidalis.
Iris bohemica. III. 1.
— Fieberi.
— hungarica.
Linaria alpina XIV. 2.
Lychnis alpina. X. 5.
Plantago alpina. IV. 1.
Primula carniolica. V. 1.
— Flörkeana.
— venusta.
Rhamnus alpina V. 1.
Ribes alpina. V. 1.
Ribes petraeum.
Scorzonera alpina. XIX.
Stachys alpina. XIV. 1.
Thalictrum alpinum. XII
Thlaspi alpinum. XV. 1
Thymus alpinus. VIX.
Valeriana elongata. III.
— tuberosa.
Veronica alpina. II. 1.
— aphylla.
— Buxbaumi.
— fruticulosa.
— heteraefolia.
— saxatilis.

Zweite Klasse. Erste Ordnung.

VERONICA fruticulosa. Wulf.

Stauden-Ehrenpreis.

Mit aufsteigendem Stengel; glatten, kurzgestielten, am obern Theil des Stengels entfernter stehenden, elliptischen oder eilänglichen, am untern Theil des Stengels gedrängter stehenden, eirundlichen, schwach gesägten Blättern, vielblumiger Doldentraube und fast rundlichei-förmiger, langhaariger Kapsel.

In der Alpenregion der Schweiz, in Kärnthen, Steyermark, Salzburg und Bayern auf Felsen, blüht im Juli und August. Perennirend.

Wurzelstock holzig, schief, außen braun, die Wurzeln fadenförmig, mehr oder weniger verästelt. Der Stengel erst niederliegend, dann aufrecht, glatt und beblättert, am obern Theile drüsig-haarig. Die Blätter gegenüberstehend, etwas fleischig, ganz glatt, in einen kurzen Blattstiel verengt, flach oder zuweilen etwas rinnenförmig gebogen, die untern dichter gestellt, eirundlich, ganzrandig, die mittlern und obern weniger dicht gestellt, in der Mitte entfernt gesägt, elliptisch oder eirundlänglich, und fast doppelt so lang als an V. saxatilis. Die Doldentraube ährenförmig, vielblumig, nach der Blüthe sich verlängernd. Blumenstielchen so lang als die Deckblätter, oder wenig kürzer, einblumig, drüsig-haarig; die Deckblätter stumpf, eilanzettförmig, drüsig-haarig. Kelchblätter vier, länglich, elliptisch, drüsighaarig, zwei davon etwas kürzer. Die Blumenkrone ziemlich groß, rosenroth mit verästelten dunkler gefärbten Adern. Die Kapsel fast rundlich-eiförmig, feinbehaart, am Rande zusammengedrückt, etwas schneidig, drüsig-behaart, oberhalb fast zottig.

Diese Art unterscheidet sich von V. saxatilis durch fleisch- oder rosenfarbige Blumen, drüsighaarige Kelchblätter und Kapseln, welche letztere flacher zusammendrückt und deren Rand mehr schneidig ist, übrigens noch durch aufsteigenden Stengel, und durch obere elliptische Blätter.

Fig. a. Die Pflanze in natürlicher Größe. b. Eine abgesonderte Blume mit Blumenstielchen und Deckblatt. c. Die Kapsel. D. Dieselbe vergrößert. E. horizontal Durchschnitten. F. Der Saame, aufrecht und durchschnitten. g. h. i. Dreierlei vorkommende Blattformen.

Fieber.

Veronica fruticulosa Wulf.

Fieber pinx.

Zweite Klasse. Erste Ordnung.

VERONICA saxatilis. Lin.

Felsen=Ehrenpreis.

Mit ausgebreitetem, aufsteigenden, hin und her gebogenen Stengel; gegenüberstehenden, untern verkehrt eirunden, obern länglich eirunden, kaum gekerbten Blättern; armblumiger Doldentraube; und eiförmig=länglicher schwachbehaarter Kapsel.

Auf den Alpen und Voralpen von Oestreich, Salzburg, Bayern ꝛc. blüht im Juni, Juli, und perennirt.

Der Wurzelstock holzig, außen braun, mit braunen fadenförmigen Wurzeln besetzt, mehrere Stengel treibend, die ausgebreitet, hin und her gebogen, holzig und weichhaarig sind. Die Blätter gegenüberstehend, sattgrün, die obern mehr länglich lanzettförmig stumpf sitzend, die untern verkehrt eirund, in der Mittte entfernt und stumpf gesägt, oft kaum gekerbt, sehr glatt, fast glänzend, und kurz gestielt. Doldentraube kurz, einfach, 3—5 blumig, nach der Blüthe sich wenig verlängernd. Die Blumenstielchen einblumig, fadenförmig, aufrecht, weichhaarig, länger als das Deckblatt, welches elliptisch ganzrandig und weichbehaart ist. Kelchlappen vier, länglich, stumpf, unten verengert fast gleichlang, und so wie der obere Theil des Stengels mit sparsamen Weichhaar bedeckt.

Blumenkrone bedeutend größer als bei V. fruticulosa, gesättigt blau, mit dunkleren ästi=

gen Adern, und am Schlunde befindlichen rothen Flecken, von welchen die Adern auslaufen. Die Kapsel fast um 1/3 länger als der Kelch, (und auch fast um 1/3 länger als bei V. fruticulosa,) eiförmig, stumpf, etwas plattgedrückt, kurzbehaart; die Klappenränder nicht viel hervorragend.

Linné, und Andere hielten diese Pflanze mit V. fruticulosa für einerlei, und nicht spezifisch verschieden, doch unterscheidet folgendes, diese Pflanzenspezies von der V. fruticulosa: ihre ausgebreiteten Stengel, kleinere fast sitzende Blätter, armblumige (3—5) Doldentraube, und ihre größern sattblauen Blumen.

Fig. α. Die ganze Pflanze auf 2/3 verkleinert. b. Eine abgesonderte Blume. c. Die reifende Kapsel mit dem Blumenstielchen und Deckblatt. D. Die Kapsel. E. Dieselbe senkrecht. F. Horizontal durchschnitten vorgestellt. G. Der Saamen nach seiner Fläche, und dem Horizontal-Durchschnitt. h. i. k. l. Blattformen vierlei Art, von welchen diese Spezies immer ein oder die andere Form besitzt.

Fieber.

D
b
c
G
a
h
i
k
l
E
F
II.1.
Fieber pinx.
ratilis L.

Zweite Klasse. Erste Ordnung.

VERONICA alpina. Lin.

Alpen-Ehrenpreis.

Mit aufsteigend einfachem Stengel, eiförmiger wenigblumiger Doldentraube, mit eirunden und elliptisch-eirunden, gesägten und ganzrandigen Blättern; verkehrt eirunden, ausgerandeten, gewimperten Kapseln.

Auf mosigen steinigen Orten in den Alpen Salzburgs, in Bayern, Oestreich, Böhmen rc. blüht im Juni und Juli. Perennirend.

Die Wurzel holzig, mehrere Stengel treibend. Der Stengel aufsteigend, einfach oder ästig, beblättert, unten glatt, von der Mitte bis oben mit weißen Zottenhaaren besetzt, stielrund, die Haare gegliedert.

Die Blätter verschieden gestaltet. In den untern die elliptische Form, in den obern die lanzettliche Form vorherrschend. Alle sind gegenüberstehend, kurzgestielt, nur die obersten unter der Blumentraube abwechselnd; diese, so wie die kurzen Blattstielchen, und ein Theil des Blattrandes mit gefiederten Haaren gewimpert. Die Blattränder mehr oder weniger dicht gezähnt, oft fast ganzrandig.

Doldentraube vielblumig, (6—10) oft auch nur einblumig, jedes einzelne Blümchen mit einem, etwas längern, fast doppelt so langen Deckblättchen versehen, als der behaarte Blumenstiel lang ist. Das Deckblättchen schwach behaart, am Rande gewimpert. Kelchblättchen 4, ungleich, 2 kleiner 2 größer, länglich, zugespitzt, gewimpert, schwach-behaart; mit einem deutlichen Mittel-, und 2 kaum sichtbaren Seitennerven. Die Blumenkrone kurzröhrig, etwas länger als die 2 größeren Kelchblätter.

Die Farbe ist ein eigenes Gemische, fast graublau. Die Kapsel verkehrt eirund, oben ausgerandet, zusammengedrückt, die Oberfläche runzlich, unter der Mitte mit Härchen besetzt, die Kapsel schwärzlich-blaugrün gefärbt, und länger als die Kelchblätter, der Griffel kurz, etwa 1/4 der Länge der reifen Kapsel betragend, bleibend. Saamen eirund, unten fast abgestutzt, genabelt. Nach dem Standorte ändert die Pflanze sehr in der Größe aller ihrer Theile, eine solche Veränderung zeigt V. pygmaea Schr.

Fig. a. Die ganze Pflanze. b. C. Die abgelößte Blume. d. Die reifende Kapsel. E. Dieselbe vertikal und horizontal durchschnitten. F. Der Saame von verschiedenen Seiten. g. h. Zweierlei Blattformen.

Fieber.

II.1.

Veronica alpina L.

Fieber pinx.

VERONICA aphylla. Lin.

Blattloser-Ehrenpreis.

Drüsig behaart; mit kurzem, aufsteigenden, beblätterten, cylindrischen, sehr einfachem Stengel, verkehrt eiförmigen gekerbten, in einen kurzen Blattstiel verengerten Blättern, und verkehrt herzförmiger flach-zusammengedrückter Kapsel.

Auf den Alpen in Oestreich, Bayern, Salzburg, in Steyermark, und auf den Sudeten in Böhmen, blüht im Juni und August. Perennirt.

Der Wurzelstock etwas schief, kriechend, vielköpfig, die einzelnen Aeste aufsteigend, 1/2 bis 2 Zoll lang, walzenrund, beblättert, so wie alle übrigen Pflanzentheile mit weißlichen gegliederten Drüsenhaaren besetzt. Blätter gegenüberstehend, grün, die untersten länglich eiförmig, stumpf, in einen kurzen Blattstiel übergehend, bald mehr bald weniger gekerbt, die mittlern und oberen Blätter größer als die untern; verkehrt eiförmig, stumpf, gekerbt, in einen sehr kurzen, mit dem gegenüberstehenden verwachsenen Blattstiel verengert. Aehrentraube aus einer der obersten Blattachseln entspringend, gewöhnlich nur an einer Seite, selten zwei gegenüberstehende, langgestielt, 3 bis 6 blumig, der Blumenstiel 1 bis 1 1/2 Zoll lang, walzenrund.

Die Blumenstielchen fadenförmig, aufrecht, noch einmal so lang als die elliptischen stumpfen Deckblätter.

Kelch viertheilig, mit ungleichen länglichen stumpfen Lappen. Blumenkrone einblättrig, kurzröhrig, mäßig groß, blaßblau, und dunkler geadert. Der Saum vierlappig, flach, der untere Lappen kleiner, die übrigen fast gleich. Staubgefäße zwei, gegen den untern Blumenkronenlappen herabgeneigt, Staubfäden fadenartig in der Röhre befestigt, die Staubbeutel rundlich. Der Fruchtknoten eiförmig zusammengedrückt. Griffel fadenartig, platt, herabgebogen, kürzer als die Staubgefäße, Narbe rundlich. Kapsel mäßig groß, größer als der Kelch, verkehrt herzförmig, nach oben hin flach zusammengedrückt, zweifächrig, zweilappig, mehrsaamig. Saamen flach, bräunlichgelb, eiförmig, rundlich.

Anm. Bei V. nudicaulis Lam. ist die Kapsel oben stumpf, nicht ausgerandet.

Fig. a. b. Die Pflanze in natürlicher Größe. C. Die Blumenkrone abgesondert. d. Die Kapsel mit dem Blumenstiel und Deckblatte. E. Dieselbe vergrößert. F. Der Kapseldurchschnitt. G. Der Saame ganz, und durchschnitten.

Fieber.

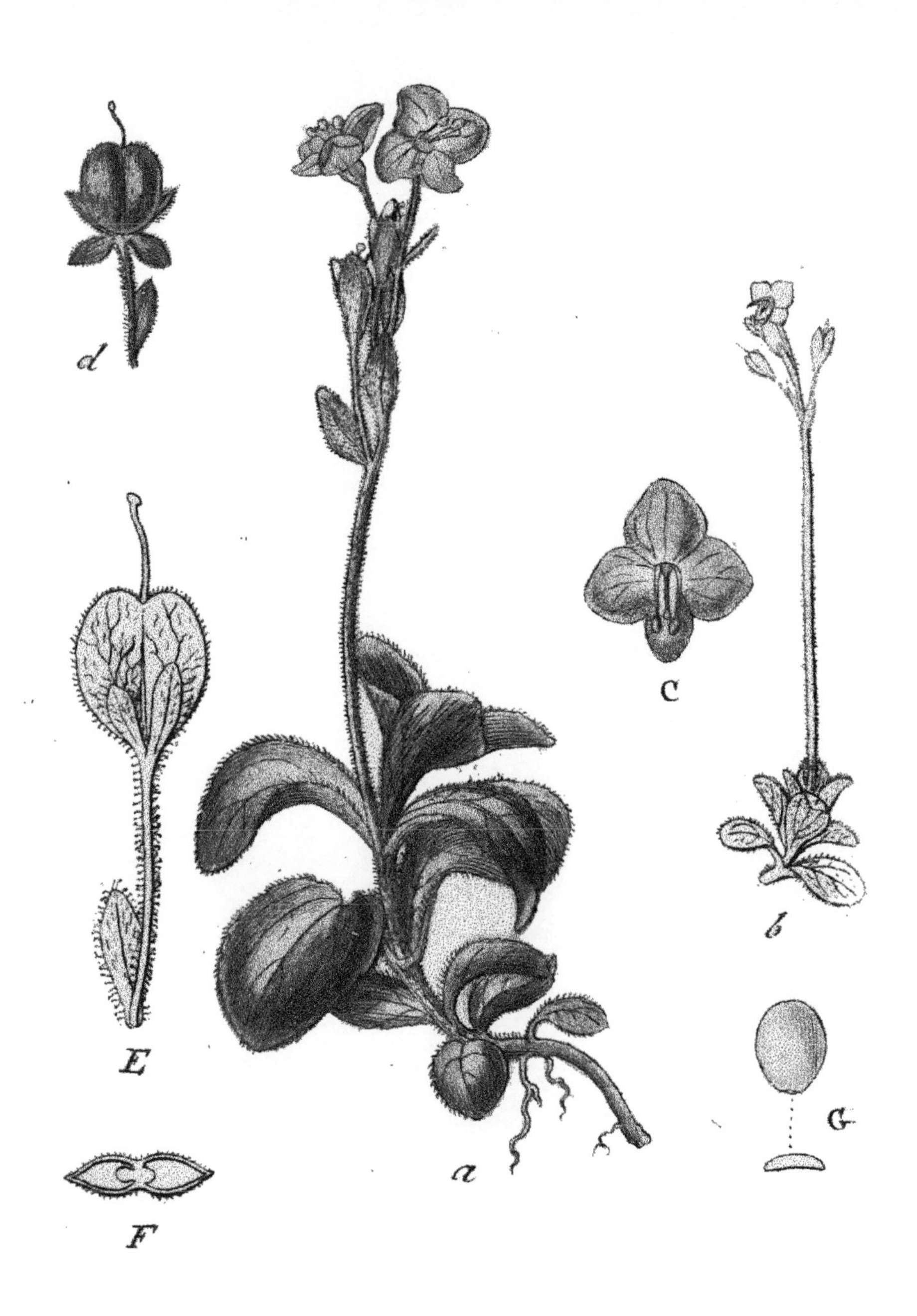

Veronica aphylla L.

Fieber pinx.

VERONICA Buxbaumi. Tenore.

Buxbaums-Ehrenpreis.

Behaart, mit niederliegendem, aufstrebenden, ästigen Stengel, achselständigen, einblumigen, nach dem Verblühen an der Kapsel knieförmig gebogenen Blumenstielen, die meist das doppelte der Blattlänge betragen, kurzgestielten, herzeirunden, grobsägeartig eingeschnittenen Blättern; scharfrandiger stark zusammengedrückter, vielsaamiger Kapsel, und eilanzettförmigen Kelchblättern.

Auf Feldern und Ackerrainen, auf Brach-Aeckern und bebauten Orten; in Bayern, im Badischen, in Böhmen und Schlesien; blüht vom Juni bis August. Einjährig.

Die Pflanze einjährig, mehrere Stengel treibend, alle Theile derselben behaart; nach ihrem Alter auch von verschiedenem Aussehen.

Die Stengel niederliegend, ausgebreitet, gegen die Spitze aufsteigend, unterhalb oft ästig, rund, und so wie die gegenständigen Aeste an der Basis mit gegliederten Zottenhaaren bekleidet, welche oft 2 oder 3 Streifen am Stengel herablaufend, bilden.

Oft ist die Pflanze ganz einfach und aufrecht.

Die Blätter nach dem verschiedenen Boden auch von verschiedener Form; im Allgemeinen aber sind die grundständigen ersten Blätterpaare eiförmig, fast ungezähnt, an der blühenden Pflanze meist verwest, und so wie die an der Verästlung stehenden und die obern einander gegenüberstehend, jene ober der Mitte bis an die Spitze abwechselnd, oft auch am ganzen Stengel abwechselnd stehend, alle kurz gestielt, flach, breiteiförmig oder rundlichherzförmig; beide Blattflächen mit kurzen gegliederten Haaren besetzt, der Rand fein gewimpert. Durch die Blattfläche läuft ein starker Mittel- und 2 Seitennerven, nebst diesen, näher gegen den Rand 2 feinere, die sich alle wieder gabelförmig theilen. Die Zahnungen tief, einfach oder auch gedoppelt, 4—7—9 Zähne auf einer Seite. Der Blattstiel flach, rinnenförmig, gewimpert, oben in die herzförmige Basis verlaufend. Die Blumenstiele aus den Blattachseln einzeln, meist doppelt oder 3 mal so lang als das Blatt; fadenförmig, mit kurzen Härchen bekleidet, vor und während dem Blühen fast gerade, mit der Blume aufrechtabstehend, nach der Blüthe und in der Fruchtreife, nahe an der Kapsel knieförmig, abwärts geneigt.

Kelchblätter 4, zwei davon kürzer. An der blühenden Pflanze linealisch, kürzer als die Blumenkrone, nach der Blüthe mit der Kapsel fortwachsend. Die Blumenkrone viertheilig, groß, lebhaft blau, dunkler geadert, die 3 obern Abschnitte fast gleich und dunkler gefärbt, der mittlere vierte Abschnitt der kleinste. Die Kapsel rundlich, dreieckig, zweiklappig, zweifächrig, unterhalb zugerundet, oben scharf und tief ausgeschnitten, die Ecken abstehend, stumpf, auf der Oberfläche netzförmig geadert, an dem geschärften Kapselrand gewimpert, und die Oberfläche in dieser Gegend behaart. Die Kapsel vielsaamig, der Saame birnförmig, muschelartig, der Quere nach, gerunzelt.

Fig. α. Die ganze Pflanze. b. Die Blume abgelößt. c. Der Kelch. d. Die Kapsel sammt Kelch. E. Die Kapsel ganz und horizontal durchschnitten. F. Dieselbe der Länge nach durchschnitten. G. H. Der Saame ganz und durchschnitten. i. Ein Blattumriß von V. Tournefortii. k. Von V. Buxbaumi. Und l. von V. filiformis.

Fieber.

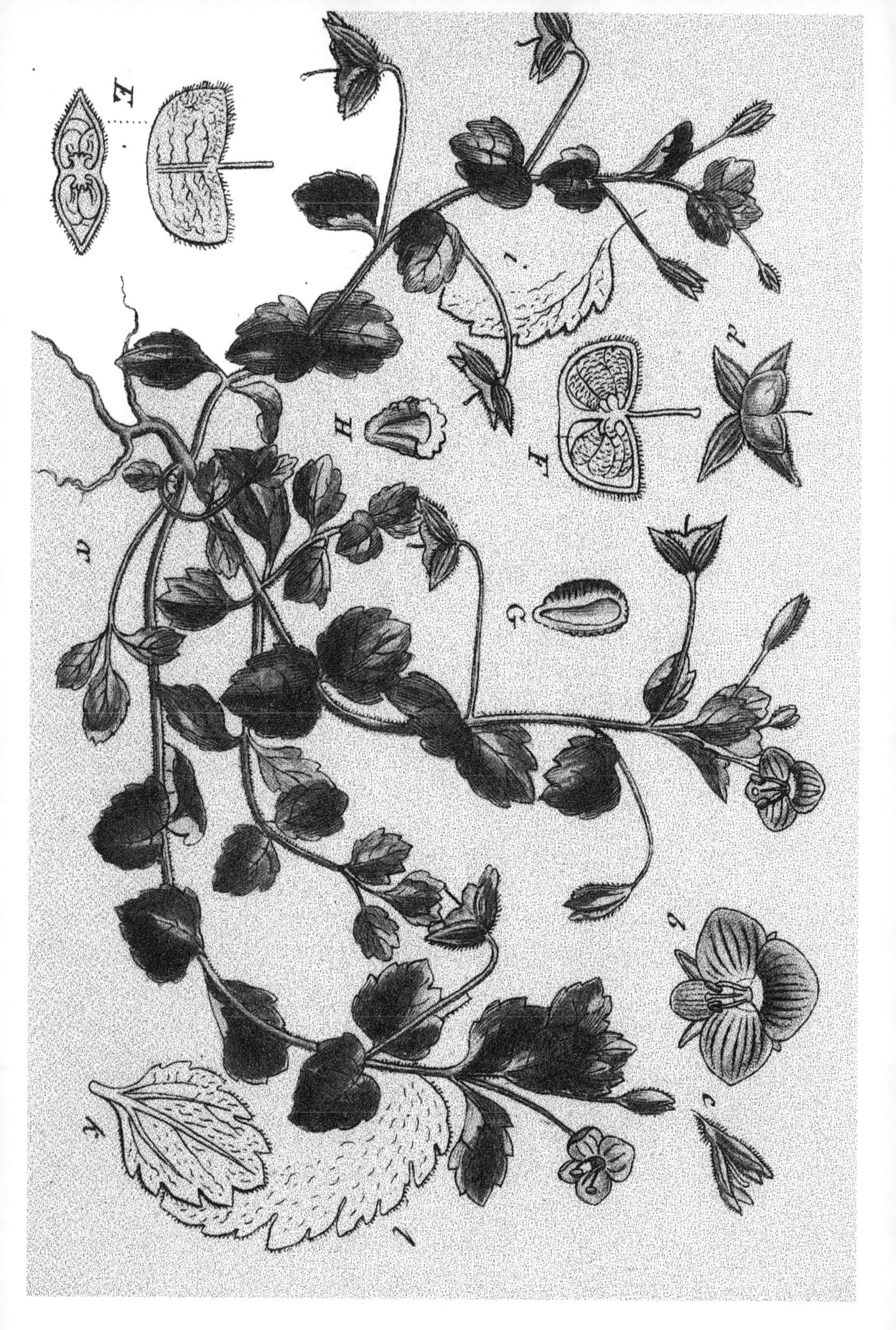

Zweite Klasse. Erste Ordnung.

VERONICA hederaefolia. Lin.

Epheublättriger=Ehrenpreis.

Behaart, mit niederliegendem ästigen Stengel, achselständigen, die verkehrt herzförmige aufgedunsene Kapsel, dreimal an Länge übertreffenden, bei der Fruchtreife bogig ausgesperrten Blumenstielen, kurzgestielten, herzförmig=rundlichen 3 bis 5 lappigen Blättern, herzförmig=spitzen, der Kapsel angedrückten Kelchblättern.

Auf Aeckern, Schutthaufen und unbebauten Orten gemein, blüht im Mai und Juni. Einjährig.

Die Pflanze ganz behaart, die Wurzel ästig, braun. Stengel 6 bis 12 Zoll lang, niederliegend, ausgebreitet auch aufsteigend, etwas kantig, auf den Kanten weichhaarig; unten ästig und etwas röthlich, die Aeste ausgebreitet, abstehend. Blätter abstehend, etwas fleischig, die untersten eiförmig ungelappt, langgestielt, die mittlern und obern nierenherzförmig, 3 bis 5 lappig, die Lappen stumpf, der mittlere größer, zugerundet, die Seitenlappen klein, beiderseits mit einzelnen Härchen bekleidet, unterseits oft röthlich angelaufen.

Bei der Abart V. Lappago Schmidt. sind die Blätter dreilappig, die Behaarung viel dichter. Die Blumenstiele einblumig, achselständig, einzeln, gewöhnlich länger als die

Blätter, erst aufrecht-abstehend, bei der Fruchtreife aber bogenförmig zurückgeschlagen, etwas weichhaarig. Bei der Abart V. Lappago die Blumenstielchen kürzer als die Blätter, oft nur von der Länge der Blattstiele. Der Kelch vierblättrig, an die Kapsel anschließend. Die Kelchblätter herzförmig, ungleich, etwas länger als die Blumenkrone, behaart, der Rand gewimpert. Bei obiger Abart sind die Kelchblätter spießig, stärker behaart, und die Wimperhaare länger. Die Blumenkrone viertheilig, blaßlila mit röthlichen Adern, die obern 3 Lappen fast gleich, eiförmig, der untere lanzettförmig; bei der obigen Abart größer, über den Kelch herausragend, kornblumenblau mit dunkleren Streifen.

Die Kapsel umgekehrt herzförmig, vierlappig, so, daß sie wie doppelt erscheint, zweiklappig, zweifächrig, die Kelchlappen rundlich, die Fächer selten ein-, meist zweisaamig.

Saame muschelförmig, rundlich, tiefgenabelt, schwach- und quergerieft.

Fig. a. Die ganze Pflanze. B. Die abgelößte Blumenkrone. C. Die vergrößerte Frucht mit den Kelchblättern. D. Die Kapsel. E. F. Dieselbe nach der Länge, und horizontal-durchschnitten. G. H. Der Saame von verschiedenen Seiten, und durchschnitten. i. k. l. Dreierlei Blattformen an einer Pflanze. i. Die unterste. k. Die mittlere. l. Die obere Form. M. Ein Kelchlappen von der Abart V. Lappago. n. Ein Blatt davon.

Fieber.

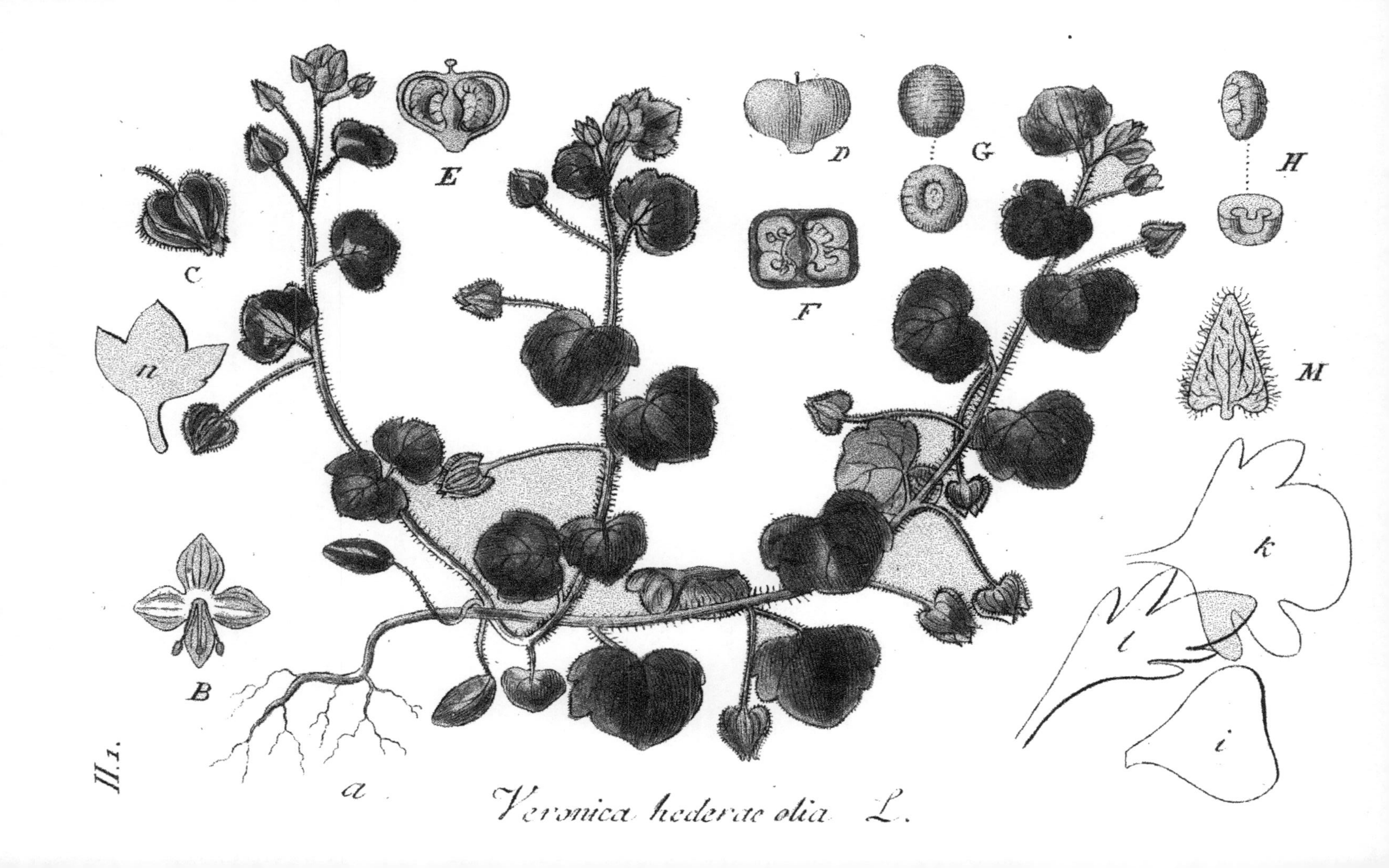

Veronica hederae olia L.

GLADIOLUS communis. Lin.

Gemeine Siegwurz.

Mit schwertförmigen nervigen Blättern, einseitigen, übergebogenen fast rachenförmigen Perigonien, die untern Perigonialabschnitte länglich-eiförmig, fast gleichlang, die obern seitenständigen gegeneinander geneigt und abgestumpft, einer länglichen keulenförmigen stumpf dreieckigen Kapsel.

Im südlichen und mittlern Deutschland. Auf nassen und trockenen Wiesen, in feuchten Laubhölzern, in Preußen bei Königsberg ꝛc. blüht im Mai und Juni. Perennirend.

Der dichte Zwiebelknollen nach dem Blühen doppelt, fast kugelförmig-plattgedrückt, mit einer netzförmigen Hülle umgeben. Der Schaft 1—2 Fuß hoch, bis über die Mitte mit schwertförmigen Blättern besetzt, cylindrisch, glatt, einfach, gegen die Spitze etwas gewunden. Blätter am Stengel zweireihig, bescheidet, abwechselnd, steif aufrecht, schwertförmig, stumpf, vielnervig und platt. Die Blumen in einer ährenförmigen einfachen Traube. Die Blumenscheide bleibend. Das Perigonium sechstheilig, die Röhre gebogen, blaß-rosenroth, die Perigonien-Abschnitte ungleich; nämlich, die drei obern gleich groß, aber größer als die drei untern, der obere mittlere fast etwas größer und helmartig, die seitenständigen obern gegeneinander geneigt, den obern fast deckend; die drei untern an der Basis zusammenhängend, fast gleichgroß, länglich-lanzettförmig, gegen die Basis sich sehr verschmälernd, an der Spitze stumpf, in der Mitte auf der obern Fläche mit einem weißen länglichen, von einer dunkelrothen zackigen Linie eingefaßten Flecke versehen.

Kapsel länglich, an der Basis verschmälert, an der Spitze zugerundet eingedrückt, stumpf, dreieckig, dreiklappig, dreifächrig, vielsaamig. Saamen umgekehrt eiförmig, flach eingedrückt, geflügelt, an der Außenfläche unter einer starken Vergrößerung netzförmig geadert. Das Saamenkorn nach entfernten Epispermium ist rundlich.

Vom Folgenden unterscheidet sich diese Art durch eine schlaffe Blumen-Aehren-Traube, deren Blumen nicht so dicht stehen, wie bei dem Folgenden; durch obere länglich eiförmige stumpfe, geschlossene, einander fast deckende, nicht abstehende Perigoniumabschnitte, und einer länglichen Kapsel.

Fig. α. Die ganze Pflanze. b. Die abgesonderte Blume. c. Die Genitalien. d. Die Kapsel geschlossen. e. Dieselbe aufgesprungen. f. Der Saame. G. Derselbe vergrößert. H. Derselbe durchschnitten. I. Derselbe von der Seite. k. K. Der Saame.

Fieber.

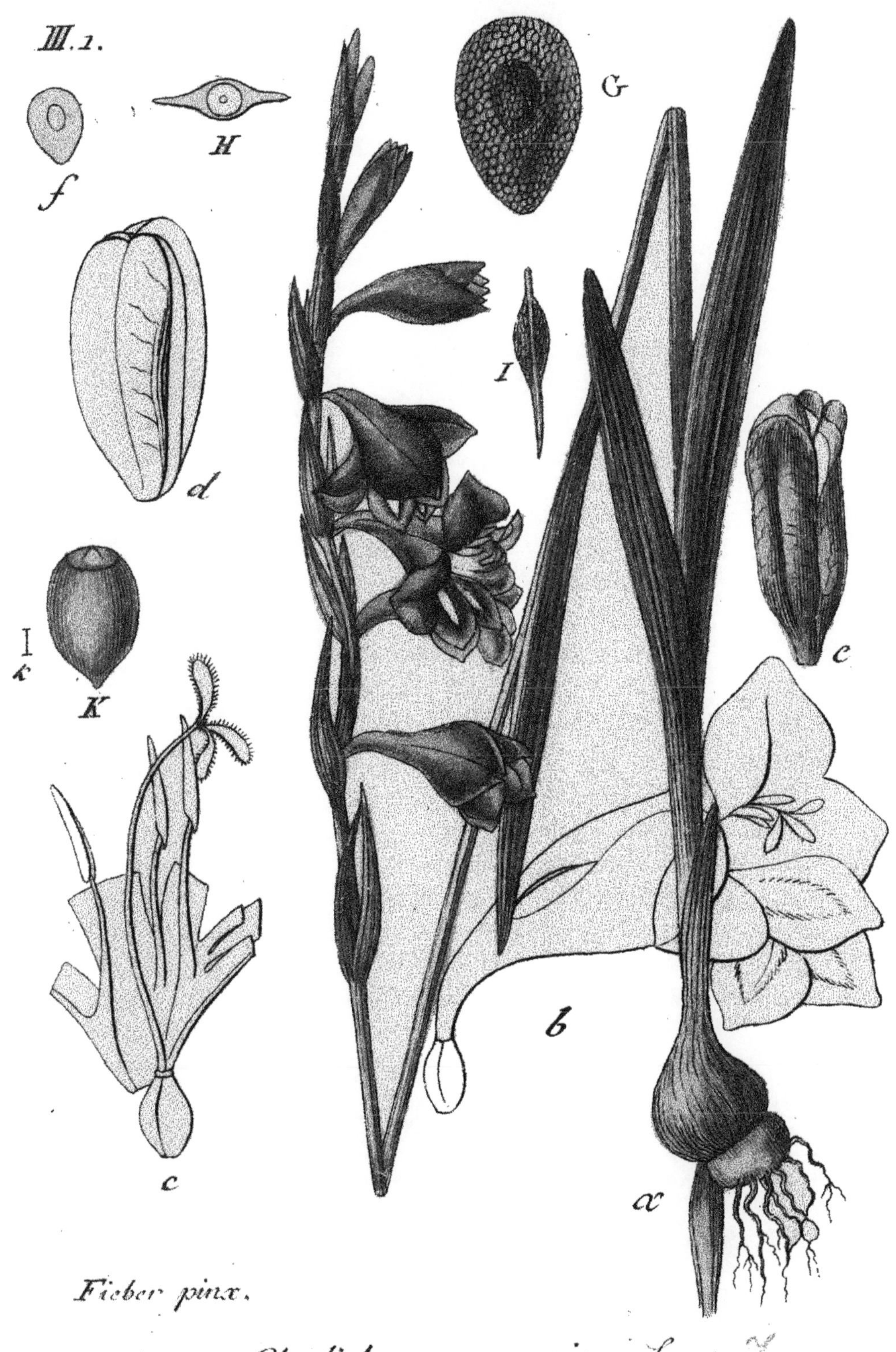

Gladiolus communis L.

Dritte Klasse. Erste Ordnung.

GLADIOLUS imbricatus. Lin.

Dichtblühende Siegwurz.

Mit schwertförmigen nervigen Blättern, einseitigen übergebogenen fast rachenförmigen Perigonen, deren Abschnitte länglich, lanzettförmig, ungleich groß, und die obern seitenständigen abstehend sind, Kapsel kurz, fast birnförmig.

Die Zwiebelknollen doppelt auf einander gestellt, um die Hälfte kleiner als bei dem vorigen, im wilden Zustande Wallnuß groß, der untere während der Blüthezeit verdeckt, beide mit einer netzförmigen braunen 2 bis 3 fachen Zwiebelhülle umgeben.

Der Schaft aufrecht, steif, beblättert, gestreift, graugrün, am unteren Ende mit einer oder zwei bräunlichen Scheiden bedeckt, Blätter 4 bis 5, zweireihig, aufgerichtet, etwas steif, schwertförmig, vielnervig, schwach graugrün bereift. Die Blumenähre endständig einfach, die Rhachis hin und her gebogen, Blumen einzeln sitzend, dicht gestellt, abwechselnd, alle nach einer Seite gekehrt, fast hängend. Die Blumenscheide aus 2, fast gleichen an der Spitze gefärbten Deckblättern bestehend, die krautartig, lanzettförmig spitzig, und mit der gebogenen blaßrothen Röhre fast gleichlang sind. Das Perigonium unten röhrig gebogen, der Saum rosenroth mit einem violetten Schiller; tief sechstheilig, beinahe rachenförmig. Die Perigonium-

Abschnitte länglich-lanzettförmig, gegen die Basis sehr verschmälert, an der Spitze stumpf, die drei obern größer als die drei unteren; von den obern ist der mittlere Abschnitt breiter als die zwei seitenständigen abstehenden; die 3 untern in der Mitte auf der obern Fläche mit einem länglichen weißen dunkelrothgesäumten Flecke versehen, doppelt so eng wie die oberen, der mittlere untere etwas weniges länger als die zwei seitenständigen.

Unterscheidet sich vom Vorigen, durch kleinere Knollen, zartem nicht so bereiften Stengel, und schmälere Blätter; eine dichte Blumenähre, fast halb so lange Deckblätter (die Scheide) als die Perigoniumröhre, deren Klappen fast gleichlang sind, durch nur halb so große blässere Blumen und derselben länglich lanzettförmige Perigonium-Abschnitte, wovon die 2 obern seitenständigen abstehend sind.

Auf feuchten grasigen Waldwiesen, in Laubhölzern bei Moosbrunn in Oestreich, bei Breslau in Preußen, bei Zbiroy in Böhmen. Blüht im Juni, Juli. Perennirend.

Fig. α. Die Pflanze verkleinert. b. Die netzförmige äußere Hülle des Zwiebelknollen. c. Die Blume in natürlicher Größe mit den Deckblättern (die Scheide). d. Die Staubgefäße mit dem Fruchtknoten und Griffel. e. die noch grüne, f. die aufgesprungne Kapsel. g. Der Saame. H. Das vergrößerte Saamenkorn und desselben Durchschnitt.

Fieber.

Gladiolus imbricatus. L.

VALERIANA tuberosa. L.

Knolliger Baldrian.

Mit knolliger Wurzel, länglich-eyförmigen stumpfen ungetheilten Wurzelblättern, stiellosen gegenüberstehenden gefiederten Stengelblättern, gedrängter Doldentraube und dreimännigen Zwitterblüthen.

Wächst bei Triest auf dem gespaltenen Berge an trockenen steinigten Grasplätzen unter Gesträuchen und blühet im Mai.

Die Wurzel ist knollig, kuglig, erdfärbig und treibt zu beiden Seiten Ausläufer mit länglichern dünnern Knollen und gestielten ungetheilten ganzrandigen eyförmig-länglichen oder spatelförmigen stumpfen Wurzelblättern. Die Stengelblätter stehen zu 2 oder 3 Paaren gegenüber, von denen die untersten oft noch gestielt ungetheilt und lanzettförmig, die obern aber stiellos und gefiedert sind, von denen der Endlappen größer als die übrigen und lanzettförmig oder linealisch ist. Der Stengel ist ganz einfach, aufrecht, höchstens schuhlang, und an der Spitze mit einer einzigen fast geballten Doldentraube geziert, die mit einzelnen schmalen Deckblättern gestützt ist. Die Blume trichterförmig, rosenfärbig, mit rundlichen Zipfeln, aus denen die 3 Staubgefäße hervorragen, der kurze Griffel mit dreitheiliger Narbe aber eingeschlossen ist. Wahrscheinlich giebt es aber auch, wie bei den übrigen Baldrianarten, Individuen mit kleinern Blumen in welchen die Staubgefäße eingeschlossen sind, die Staubwege aber hervorragen. Uebrigens hat die ganze Pflanze den gewöhnlichen Baldriangeruch und höchst wahrscheinlich ist die Wurzel auch mit den Arzneikräften des officinellen Baldrians begabt.

Für Deutschlands Flora eine rara avis, die glücklicherweise bei Triest häufig genug wächst um alle Herbarien der deutschen Botaniker damit beglücken zu können.

Fig. *α*. Die ganze Pflanze. b. Eine einzelne Blüthe. c. Ein Stengelabschnitt mit dem Umriß der Doldentraube und einer einzelnen Blüthe.

Hoppe.

III. 1.

b

c

Valeriana a tuberosa L.

Dritte Classe. Erste Ordnung.

VALERIANA elongata. Jacq.

Verlängerter Baldrian.

Mit gestielten eyförmigrundlichten ungetheilten Wurzelblättern, herzförmigen stiellosen gegenüberstehenden lappig-eingeschnittenen Stengelblättern, verlängerter ästiger Blüthentraube, und dreimännlichen Zwitterblüthen.

Wächst auf den höchsten Alpen von Oesterreich, Kärnthen und Tyrol. Unsere selbstgesammelten Exemplare sind von der Kirschbaumer Alpe bei Lienz im Pusterthale in Tyrol, woselbst diese seltene Art in der mittlern Alpenregion an etwas feuchten Stellen in Felsenritzen eben nicht häufig vorkommt.

Die Wurzel bildet einzelne verlängerte Fasern, die in den engen Felsenritzen oft so tief versteckt liegen, daß sie mit dem besten botanischen Messer kaum zu erreichen sind. Die Wurzelblätter sind gewöhnlich kleiner als die Stengelblätter, gestielt, fast eyförmig-rundlicht, glattrandig oder buchtig-gezähnt. Die Stengelblätter stehen gewöhnlich in drei Paaren gegenüber, sind kurz gestielt oder stiellos und fast umfassend, herzförmig, buchtig-gezähnt oder mehr oder wenig lappicht-eingeschnitten. Das oberste am kleinsten, spießig-dreilappig mit verlängerten Endlappen. Der Stengel ist ganz einfach, stielrund, glatt, aufrecht, höchstens spannelang. Der Blüthenstand bildet am Ende des Stengels eine ästige Traube mit armblüthigen Zweigen. Der Kelch ist fünfzähnig mit stumpfen Lappen. Die Blume trichterförmig, mit kurzer Röhre und fünflappigen stumpfen Saume, schmutzig-gelblich. Die Geschlechtstheile kürzer als die Blume, der Griffel sehr kurz mit stumpfer Narbe. Auch diese Art besitzt den gewöhnlichen Baldriangeruch, aber nur im schwachen Grade.

Fig. a. Die ganze Pflanze, b. der unterste Theil derselben mit der Wurzel. c. C. Eine offene Blüthe, D. eine geschlosse. E. Der Fruchtkelch.

Hoppe.

III.1.
c
C
D
E
b
Valeriana
elongata Jacq.

CROCUS variegatus. Hp. et Hrnsch.

Bunter Safran.

Mit zwei übereinander liegenden in netzartigen Häuten eingeschlossenen Zwiebelknollen, gleichzeitigen schmalen linealischen vierzähligen Blättern, aufrechten lanzettlichen Blüthenzipfeln und dreispaltigen stumpflappigen Narben.

Wächst bei Triest auf dem gespaltenen Berge um Bassowitza und im Walde von Lippiza an grasigtsteinichten Orten, ingleichen auf dem Karsch bei Obschina in den dortigen Gruben und blühet im Februar und März.

Die rundlichten tief in der Erde steckenden Zwiebelknollen sind gewöhnlich zu zwei vorhanden, die übereinander liegen, von denen der unterste zur Blüthezeit am kleinsten ist, und die mit netzartigen vielfach übereinander befindlichen grauen Häuten überdeckt werden. Die am Grunde in eine zweilappige, häutige, gelbliche Scheide eingeschlossenen Blätter, stehen gewöhnlich zu vier beisammen, sind nach Verhältniß sehr schmal linealisch, hellgrün mit weißlichen Kiele, spitzig, gleich lang, anfangs kürzer als die Blumen, zuletzt fast schuhlang. Die sehr lange hellblaue Blumenröhre ist ebenfalls, wie die Blätter, in eine zweilappige gelbe Scheide eingeschlossen, und geht an der Spitze in die sechstheilige Blüthenhülle aus, deren Zipfel eyförmig-lanzettlich, spitzig und etwas ungleichförmig sind, indem die drei äussern schmäler als die drei innern sich darstellen. Die Grundfarbe derselben ist hellblau, aber die äusseren Zipfel sind zugleich auf der äussern Seite mit drei dunklern gestrahlten Streifen geziert, wodurch die Blume ein buntes Ansehen erhält. Die beiderseitigen Geschlechtstheile sind fast von gleicher Länge und etwa nur halb so lang als die Blumenzipfel. Die Staubfäden etwas kürzer als ihre Beutel, goldgelb; diese länglich, spießlich und mit den Fäden gleichfärbig. Die Narben sind safranfärbig, dreitheilig, mit ungleichförmigen stumpfen Lappen. Die Fruchtkapsel ist eyförmig, gestachelt, bräunlicht, dreifächerig, dreiklappig mit mehrern rundlichten Samen.

Wegen der frühen Blüthezeit ist diese Pflanze lange übersehen und erst von mir im Jahr 1816 als neuer Bürger unserer Flora aufgefunden worden. Sie ist schon früher von Steven in den Gebirgen des Caucasus entdeckt und von Adams in Weber und Mohrs Beiträgen als Crocus reticulatus sehr genau beschrieben worden. Marschall von Bieberstein hat aber unter diesem Namen eine ganz andere Pflanze mit gelben Blumen abgebildet, weswegen die unsrige den Namen Cr. variegatus erhalten hat.

Fig. α. Die ganze Pflanze. b. Die zwei ungleichförmigen Blumenzipfeln. c. Der Staubweg. d. Das Staubgefäß. e. Die Fruchtkapsel.

Hoppe.

1.

Crocus varie - α gatus H.et H.

Dritte Klasse. Erste Ordnung.

IRIS bohemica. Schmidt.

Böhmische Schwertlilie.

Mit sensenförmigen, sichelförmig gebogenen Blättern, die graugrün und kürzer sind, als der 3—4blumige Schaft, eiförmiger, aufgeblasener, krautiger Blumenscheide, einfarbigem Perigonium, dessen Abschnitte umgekehrt eiförmig, faltig, an der Spitze zugerundet und ganz sind, einem eiförmigen, fast rundlichen, sechsseitigen Fruchtknoten und solcher Kapsel.

An den Ufergebirgen der Moldau, auf Kalkfelsen an sonnigen Orten, in Böhmen, bei Kuchelbad und St. Prokop, blüht im May, perennirt.

Der Wurzelstock flach-cylindrisch, knotig, horizontal; mehrere, meist 3 Knospen treibend; zwischen 2 unfruchtbaren Blattbüscheln der ästige, wenigblumige, zusammengedrückte Schaft, der nur ½ Fuß oder wenig darüber hoch, und glatt ist, nebst den Blättern und Scheiden bläulich bereift, und an der Basis von wenigen kurzen, scheidenartigen Blättern eingeschlossen ist, hervorsprossend.

Die Blätter zweireihig, sensenförmig, mehr oder weniger sichelförmig gebogen, die kürzer als der Schaft, öfter auch mit demselben fast gleichlang, erhaben, vielnervig, bläulich-grün bereift, nach dem Blühen bis zur Fruchtreife mit demselben fast gleichlang, erhaben, vielnervig, nach dem Verblühen bis zur Fruchtreife etwas fortwachsend, und über den Schaft herausragend sind. Das Perigonium mittelmäßig groß, um ⅓ niedriger als bei I. Fieberi, einfarbig, dunkel violett, mit purpurnen Adern, die 3 äußern Abschnitte zurückgebogen herabhängend, umgekehrt eiförmig, flach, an der Spitze zugerundet, in der Mitte der Basis rinnenförmig, gebartet, grünlich, und in einen, in die Röhre verengenden Stiel sich verlierend. Die Bartfäden kurz, die untern gelblich, die mittleren weiß, die obern blau-violett; die aufrechten Abschnitte umgekehrt eiförmig, an der Spitze zugerundet, ganzrandig, nach innen geneigt und durchscheinend, sind übrigens mit purpurnen Adern durchzogen; am Rande wellenförmig in blaßgrüne, glatte, rinnenförmige Nägel oder Stiele auslaufend. Die Blumenstiele aufrecht-abstehend, cylindrisch, glatt, graugrün, bereift, einblumig; zuweilen entspringt der unterste nahe an der Basis des Stengels, und ist mit einem scheidenförmig umschließenden, geraden, krautartigen Blatte umhüllt. Blumenscheiden zweiklappig.

Fig. α. Die ganze Pflanze. β. Die 3 Griffel sammt Fruchtknoten und der innern Blattscheide. c. Der Umriß der Spitze am aufrechten Perigonium-Abschnitte. d. Der Fruchtknoten. e. Derselbe durchschnitten. f. Der Stengeldurchschnitt. γ. Die Kapsel. δ. Dieselbe aufspringend. i. Der Saame ganz und durchschnitten.

Fieber.

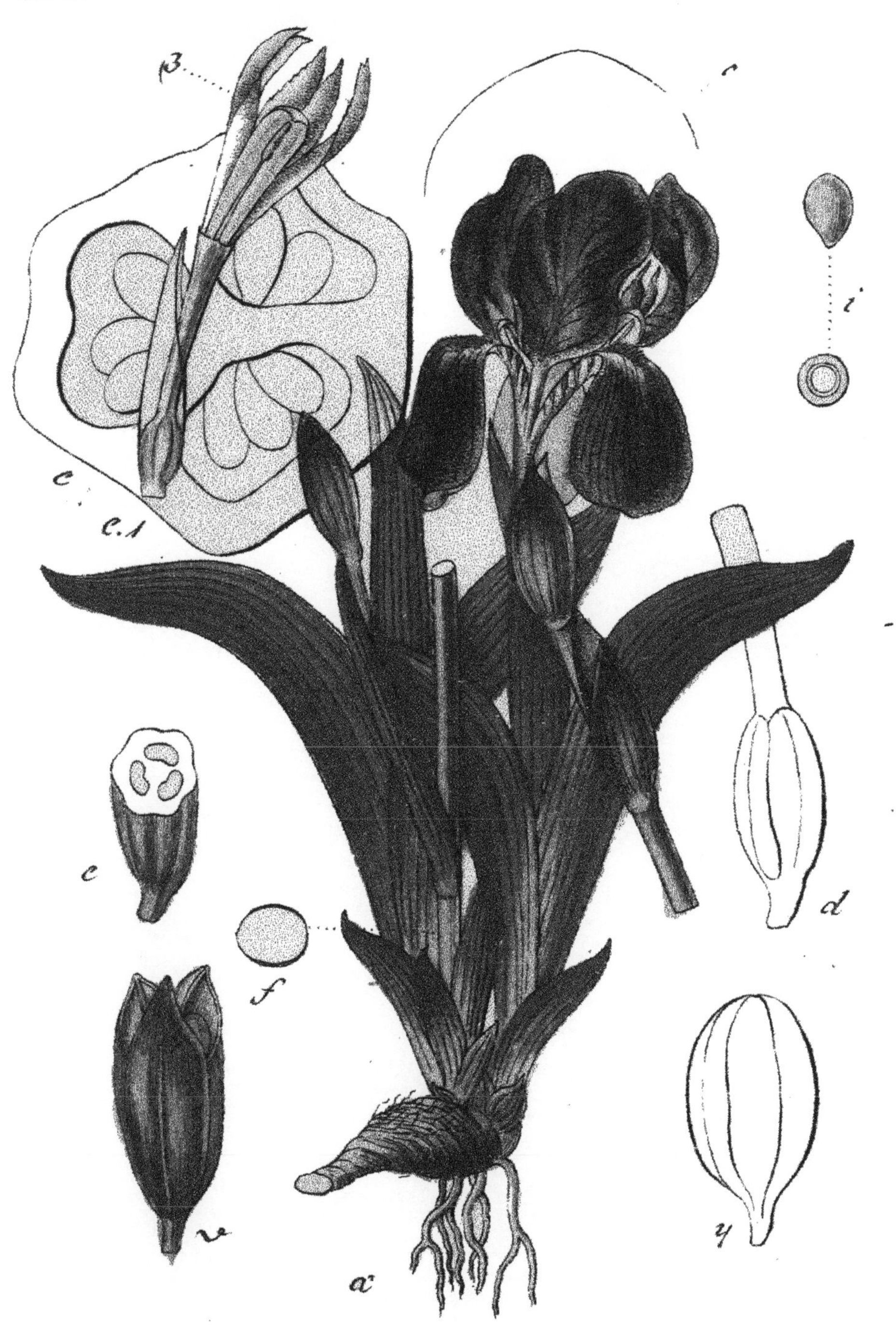

Iris bohemica Schm. 12

Fieber pinx.

Dritte Klasse. Erste Ordnung.

IRIS hungarica. W. et K.

Ungarische Schwertlilie.

Mit sensenförmig-aufgerichteten, fast sichelförmigen, dem 3—5blumigen Schaft an Länge fast gleich kommenden, graugrünen Blättern, aufgeblasenen eiförmig-spitzigen Scheiden, einfärbigem Perigonium, dessen länglich-eiförmigen Abschnitte an der Spitze ausgebissen gezähnelt sind, und mit einem länglichen, dreikantigen Fruchtknoten und Kapsel.

Auf trockenen sonnigen Hügeln, auf Bergen in Ungarn um Tokay, in Böhmen um Milleschau, blüht im May; perennirt. Der Wurzelstock wie bei allen Iriden. Der Schaft 1 Fuß und darüber hoch, so wie die zur Seite stehenden fast gleich langen oder längeren Blattbüschel graugrün, ästig durch den untersten, nahe der Basis des Schaftes stehenden Blumenstiel, der ebenfalls an seiner Basis von einem scheidenartigen Blatte eingeschlossen ist, das innere ist kurz, weiß, häutig. Blätter zweireihig, sensenförmig-aufgerichtet, fast sichelförmig gebogen, fast gleichlang oder länger als der Schaft, erhaben genervt, bläulichgrün, nach dem Verblühen der Pflanze fortwachsend, und bis zur Fruchtreife fast doppelt so lang. Das Perigonium 6theilig, mittelmäßig groß, die Abschnitte länglich-eiförmig. Der Grund der zurückgeschlagenen äußern Abschnitte verdickt, rinnenförmig, gebartet, die Bartfäden kurz, die untern gelb, die mittlern weiß, die obern violett; der zurückgebogene Seitenrand mit röthlichen, gabelförmig zertheilten Adern gezeichnet; die übrige Blattfläche mit dunkleren Adern von oben herab durchlaufen. Die drei innern Abschnitte aufrecht, eiförmig, an der Spitze gezähnelt ausgerandet, am Grunde in einen Nagel verengt, rinnig, grünlichgelb, mit röthlichen Adern bezeichnet. Der Blumenstiel aufrecht-abstehend, glatt, einblumig. Die Blumenscheiden häutig, mit violettem Anstrich und Streifchen, eiförmig-spitzig, mit der Blumenröhre fast gleichlang, aufgeblasen, zweiklappig; Blumenröhre etwas länger als die Blumenscheiden, grünlich. Staubfäden blaßbläulich, Staubbeutel pfeilförmig.

Griffel drei, blumenblattartig, fast keilförmig, violett, an der Spitze eingeschnitten, kurz, ausgebissen gezähnt. Die Kapsel länglich, dreikantig, dreifächrig, dreiklappig, vielsaamig.

Diese Art unterscheidet sich von den ihr verwandten durch ihre geraden, kurzspitzigen Blätter, durch aufgeblasene Blumenscheiden, und durch das niedrigere dunkel-violettroth gefärbte Perigonium; dessen aufrechte Abschnitte eiförmig, gezähnelt, ausgerandet, die äußern zurückgebogenen an der Spitze gezähnelt, und durch die kürzere, dabei breitere, fast eilängliche dreikantige Kapsel mit seichten Furchen an den Kanten.

Fig. α. Die ganze Pflanze. β. Die Griffel mit dem Fruchtknoten, und der inneren Scheide. c. Die Spitze des innern Perigonium-Abschnittes. d. Der Fruchtknoten. ε. ξ. Die Kapsel geschlossen und aufgesprungen. g. Der Kapseldurchschnitt.

Fieber.

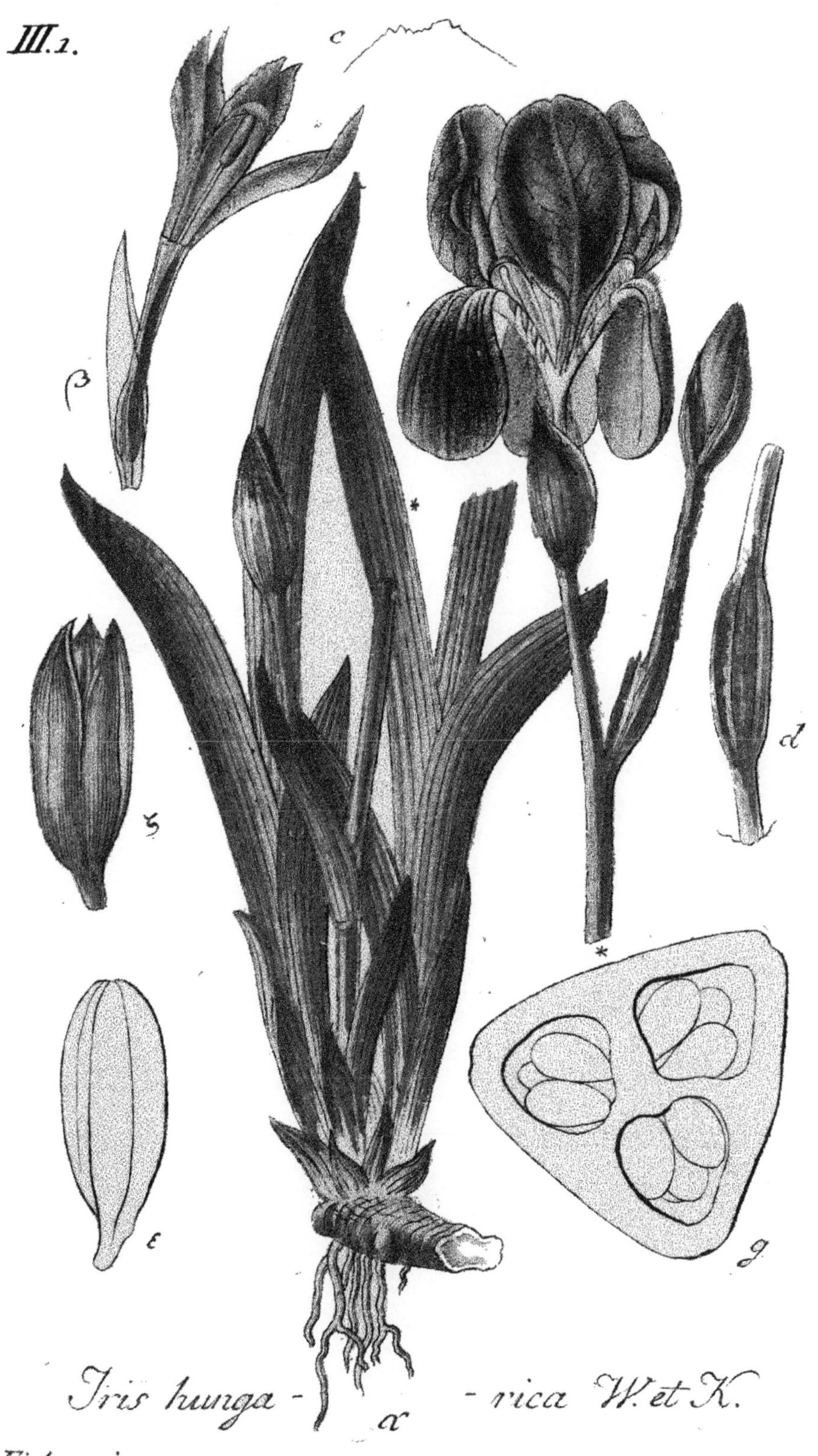

Iris hunga- -rica W. et K.

Fieber pinx.

IRIS Fieberi. Seidl.

Fiebers Schwertlilie.

Mit sensenförmig aufgerichteten, lang zugespitzten, feinnervigen, gelblichgrünen Blättern, die kürzer sind, als der vielblumige Schaft, häutiger Scheide, einfarbigem Perigonium, dessen Abschnitte spatelförmig, die innern aufrechten an der Spitze ausgerandet sind, mit einer Spitze in der Ausrandung, einem länglichen dreiseitigen, dreifurchigen Fruchtknoten und Kapsel.

I. Fieberi. Seidl. in Opiz. Naturalt. 1824. p. 128. n. 79.

Auf steilen sonnigen Felsen, im Mittelgebirge Böhmens; blüht im Mai, perennirt. Der Wurzelkopf mehrere, meist 3 Knospen treibend. Der Blumenschaft zwischen 2 unfruchtbaren Blattbüscheln entspringend, der ästig (4—6), vielblumig, zusammengedrückt, bei 1 Fuß hoch, auch wenig länger, glatt, gelblichgrün, nicht bereift ist; gegen die Basis mit einem, doch nicht immer vorhandenen, 6 Zoll langen, 1- oder 2blumigen Äste versehen, die Basis des Astes mit einem etwa 3'' langen Blatte bescheidet. Die Blätter 2reihig, sensenförmig, beinahe gerade, sehr lang und fein zugespitzt, fein genervt, gelblichgrün, nicht bereift, schwach angelaufen-gelblich, kürzer als der blühende Schaft, oder auch oft etwas darüber heraufstehend, so daß sie fast die doppelte Länge des blühenden Schaftes übersteigen, und da sie sich bei ihrer Länge und unverhältnißmäßigen geringen Breite nicht aufrecht halten können, übergebogen. Das Perigonium ansehnlich groß, sechstheilig tief gespalten, purpurviolett, mit blaßröthlichen Adern. Die 3 äußern Abschnitte zurückgebogen herabhängend, spatelförmig, gegen 3 Zoll lang; die

Platte 1¼ Zoll breit, gezähnelt ausgebissen. Der äußere Abschnitt am Grunde, verdickt, rinnig, gebartet, nahe an der Basis die Ränder umgebogen, daselbst mit blaßröthlich-violetten, verwischten Adern bezeichnet. Die 3 innern Perigonium-Abschnitte aufrecht, gegen einander geneigt, an den Rändern wellenartig gebogen, gegen die Spitze sehr fein gezähnelt; die Spitze selbst tief ausgerandet, und in der Ausrandung mit einem lanzettförmigen, spitzigen Zahne versehen. Der Bart langfädig, die unteren Bartfäden gelb, die mittleren weiß. Die Blumenscheide häutig, nicht aufgeblasen, ei-lanzettförmig. Griffel drei, blumenblattartig. Staubfäden drei, blaß-bläulich, die Staubbeutel pfeilförmig. Die Kapsel länglich, dreiseitig.

Diese Art unterscheidet sich von der ihr verwandten I. hungarica durch gelblichgrüne, lang und fein gespitzte Blätter, durch ei-lanzettförmige häutige, nicht aufgeblasene Scheiden, durch, um ⅓ höheres Perigonium mit spatelförmigen, oben ausgerandeten, in der Ausrandung mit einem lanzettförmigen, spitzigen Zahne versehenen Abschnitten, durch lanzettförmig-spitzige Lappen der übrigens breiteren Griffel, und durch eine längere, dreiseitige, dreifurchige Kapsel.

Fig. α. Die ganze Pflanze. β. Die Griffel mit dem Fruchtknoten und der innern Scheide. c. Die Spitze des aufrechten Perigonium-Abschnittes. d. Der Fruchtknoten ganz, und durchschnitten. e. Der Stengeldurchschnitt. ϑ. Die Kapsel geschlossen, und aufgesprungen. g. Der Durchschnitt der Kapsel. h. Der Saame ganz und durchschnitten.

Fieber.

III. 1.

Iris Fieberi Seidel.

Fieber pinx.

Vierte Classe. Erste Ordnung.

CORNUS suecica. L.

Schwedischer Hornstrauch.

Krautig, mit einer gestielten Dolde aus der Gabelspalte der zwei endständigen Aeste, und nervigen Blättern.

Linn. Sp. pl. — Flor. Lappon. t. 5. f. 3.

Auf Torfboden an beschatteten Orten, im Oldenburgischen, auf dem Ammerlande; Jever, auf Helgoland. Blühet im Junius und Julius.

Die holzige ausdauernde kriechende Wurzel treibt mehrere Stengel, welche krautartig, einen halben bis einen Fuß hoch, aufrecht oder am Grunde gebogen aufsteigend, und daselbst statt der Wurzelblätter mit rauschenden Schuppen besetzt sind, die in einer Höhe von zwei bis drei Zoll durch die Stengelblätter ersetzt werden, sie sind vierseitig, gegliedert, am Ende in zwei Aeste gespalten, mit einem zwischen diese gestellten Blüthenstiele, seltner mehrere gegenständige Aeste tragend. Die Blätter sind etwan einen Zoll lang, sitzend, eirund oder elliptisch, spitz, ganzrandig, fünf bis siebennervig, unten kahl, oben so wie die jungen Aeste und der Blüthenstiel mit kurzen angedrückten Härchen zerstreut besetzt; die untern Blätter kleiner und runder. Der Blüthenstiel ist lang, nackt, und trägt am Ende eine von vier Deckblättern umgebene Dolde. Die Deckblätter sind schneeweiß oder röthlich angeflogen, zuletzt grünlich, elliptisch, stumpf mit einem kleinen Spitzchen, nervig-adrig, wie die obersten Blätter etwas gewimpert, doppelt so lang als die Dolde, abfallend; zwei gegenständige etwas kleiner. Die Blumen klein, dunkelroth; die Blumenblätter länglich, spitzig. Die Blüthenstiele von der Länge der Blume. Die Frucht kuzelig und roth.

Fig. α. Die ganze Pflanze. b. Die vierblätterige Hülle mit der Dolde. C. D. Einzelne Blüthen ohne und mit Blumenblättern. e. Die Früchte. f. Die Nuß. g. Eine solche querdurchschnitten mit einem Saamen. h. Derselbe herausgenommen.

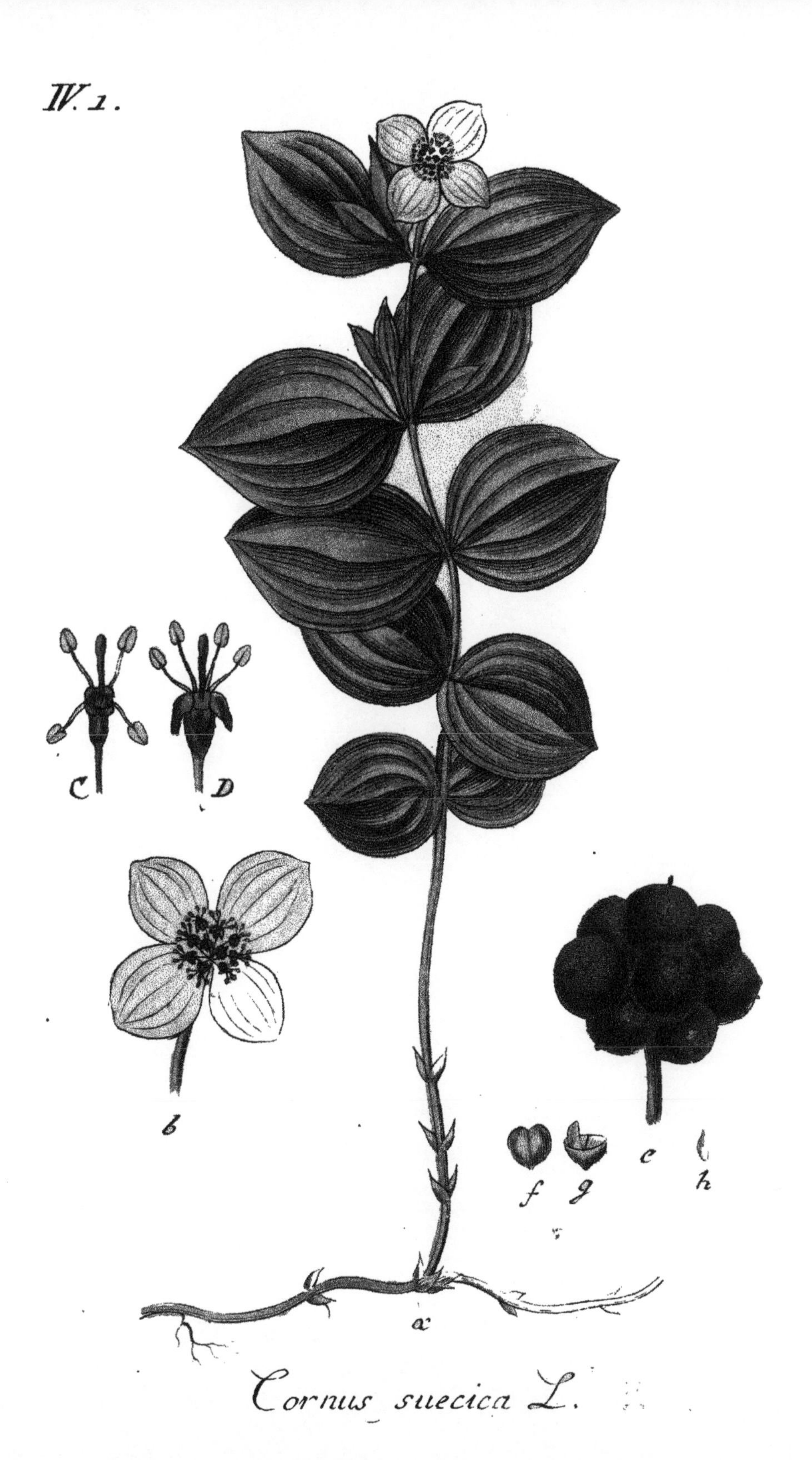

Cornus suecica L.

Vierte Classe. Erste Ordnung.

CORNUS mascula. L.

Gelber Hornstrauch.

Baumartig, mit einer Hülle ungefähr von der Länge der Dolden.

Wächst auf trocknen Hügeln zwischen Gebüsch, in Kärnthen, in Oesterreich, um Halle, in Böhmen, Thüringen und hier und da verwildert, und blühet im März und April.

Sein Stamm wird bisweilen bei 20 Fuß hoch, bleibt aber oft nur ein niederer Strauch; die Aeste stehen gegenüber, sind rund, braun und kahl. Die Blätter sind kurz gestielt, gegen einander überstehend, eirund, zugespitzt, ganzrandig, die Nerven gerade, und fast in die Spitze auslaufend, oben sind sie gesättigt, unten bleichgrün, glänzend. Die Blüthen kommen schon vor dem Ausbruche der Blätter zum Vorschein, und es sitzen ihrer 15—30 in Dolden am Ende der Aeste und Zweige, mit einer vierblättrigen Hülle umgeben. Die Hüllblätter sind eirund, inwendig ausgehöhlt, schmutziggelb, auswendig braungrünlich, abstehend und etwann von der Länge der Dolde. Die Blüthenstiele von angedrückten Haaren zottig. Die Krone gelb, die Blumenblätter länglich zugespitzt. Die Beere ist oval-länglich, anfangs grün, bei der Reife im September aber schön roth und glänzend, und enthalten in ihrem angenehm säuerlichen Fleische einen länglichen, gelben Stein.

Das Holz ist sehr hart, und wird daher zu mathematischen und mechanischen Geräthen gebraucht, woher der Strauch den Namen Hornstrauch bekommen hat, der sonst auch noch Kornel, Kornelkirsche, Hornkirsche, Beinholz, Dürlitzen oder Dorlen u. s. w. heißt. Die Blumen geben den Bienen Honig, und da zu jener Jahrszeit noch keine andere honigführende Blüthe vorhanden ist, so suchen die Bienen sie um so mehr auf, und werden wegen überflüssigem Genuß davon krank. Die unreifen Früchte kann man gleich den Oliven einmachen; man kocht sie zu diesem Ende mit Wasser und dann mit Salzwasser ab, begießet sie mit gutem Baumöle, oder machet sie auch mit Lorbeerblättern und Fenchelsaamen ein. Die reifen Früchte, welche zu Markte gebracht werden, sind sowohl roh, als mit Zucker eingesotten, eine angenehme Speise.

Fig. α. Ein Blätterzweig, β. ein blühender Ast. c. Die Hülle mit zwei Blüthen und mehrern abgeschnittnen Blumenstielen. D. Eine Blüthe von der Seite. e. E. von vornen. F. Der Fruchtknoten mit den gelben Drüsen, dem Griffel und der Narbe. g. Eine reife Beere. h. Dieselbe längs durchschnitten, um die Lage der Nuß zu sehen. i. Die Nuß besonders.

IV. 1.

β

F c D α

e E g h i

Cornus mascula L.

Vierte Classe. Erste Ordnung.

CORNUS sanguinea. L.

Rother Hornstrauch.

Mit geraden Aesten; eyrunden gleichfarbigen Blättern; flachen hüllenlosen Trugdolden; und angedrückten Haaren der jungen Triebe und Blüthenstiele.

In Wäldern, Gebüschen, auf sterilen steinigen Bergen und Hügeln, in lebenden Umzäumungen, der Ebenen und der niedern Gebirge, und blühet im Junius und Julius, bei warmen und fruchtbaren Sommern auch bisweilen noch einmal im Herbste.

Ein Strauch der 8—12 Fuß hoch wird. Seine gegenüber stehenden Zweige, welche im Herbste und Winter blutroth sind, und ihm den Namen gegeben haben, sind glänzend, kahl, nur in der Jugend mit angedrückten Haaren besetzt, womit die Blattstiele, die Verästelung der Trugdolde, und die Kelche stets überzogen sind. Die Blätter stehen einander gegen über, sind zwei bis zwei einen halben Zoll lang, und ein und einen halben Zoll breit, elliptisch, zugespitzt, ganzrandig, oben gesättigt, unten blässer grün, gegen den Herbst roth abfärbend, oberseits mit angedrückten kurzen weißen Härchen sparsamer, unterseits mit etwas längern abstehendern reichlicher besetzt, gestielt, die Stiele 4—6 Linien lang; die

Blattnerven parallel, fast in die Spitze aus- laufend. Die Trugdolde stehet am Ende, ist lang gestielt, ohne Hülle, flach oder flach-kon- vex, ein bis zwei Linien breit. An der Basis der Blüthenstiele stehen schmale, kleine, hin- fällige Deckblättchen. Die Blumen sind weiß, die Blumenblätter lanzettlich, auswendig flaum- haarig. Der drüsige Ring gelb. Die Früchte werden im Herbste reif, sind kugelrund, von der Größe einer Wachholderbeere, schwarz mit weißlichen Pünktchen. Diese Beeren enthal- ten ein grünes, äusserst widriges, bitteres und zusammenziehendes Fleisch, und eine runde et- was gestreifte Nuß. Obgleich das Holz fest und zähe ist, so ist es doch wegen der geringen Dicke der Stämme nicht sonderlich zu gebrau- chen. Man wendet es zu Ladestöcken, Pfeif- fenröhren und andern ähnlichen Drechslerar- beiten an. Zu Hecken taugt er nicht so gut, als der gelbe Hornstrauch.

Fig. a. Ein blühender Zweig. b. Eine Blume. C. Der Kelch. D. Der Frucht- knoten mit den Drüsen und dem Pistill. E. Ein Staubgefäß. f. Die Beeren. g. Die Nuß.

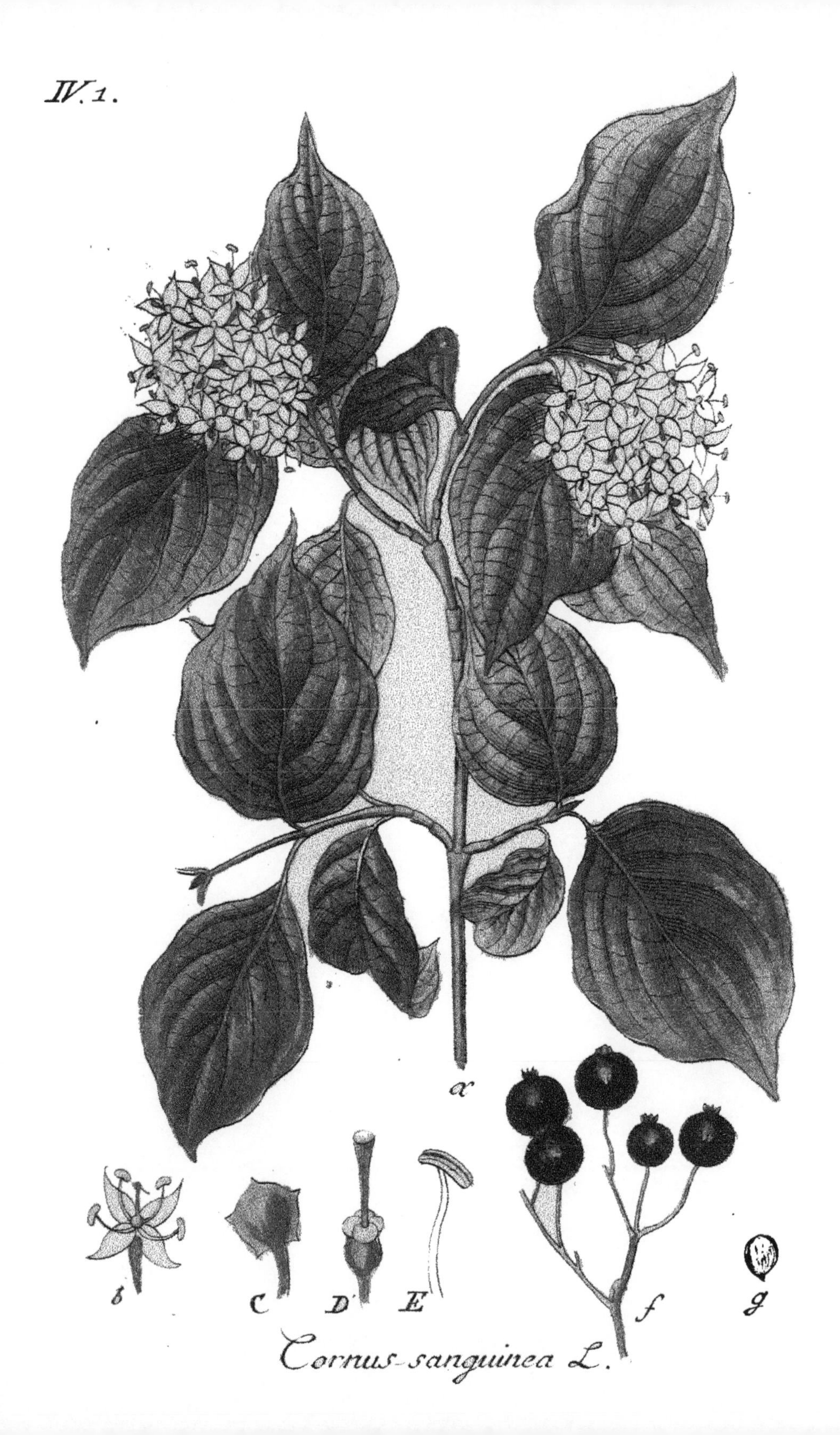
IV. 1.
a
b
C
D
E
f
g
Cornus sanguinea L.

CYPERUS flavescens. L.

Gelbliches Cypergras.

Mit dreiseitigem Halme, fast zusammengesetzter gedrängt stehender stielloser Spirre, lanzettlichen Aehren, elliptischen stumpflichen Bälgen und zwei Narben.

Wächst an wässerigen sandigen Stellen auf Wiesen an Weihern, Quellen und Bächen, und blühet im Juli und August.

Die einjährige Wurzel besteht aus feinen kurzen bräunlichen Fasen und treibt dichte Rasen von Blättern und Halmen. Die Blätter sind sehr schmal, linealisch, gekielt, zugespitzt, weich, glatt, mit rauher Spitze, kaum halb so lang als die Halme. Die Halme fast spannenlang, aufrecht, dreiseitig, glatt, schwach, blattlos, und nur am Grunde mit häutigen schlaffen gespitzten Blattscheiden umgeben. Die Spirren sitzen an den Spitzen der Halme, sind mit 2—3 ungleich langen abstehenden Hüllblättchen gestützt und aus 6—12 fast stiellosen linealischen flachen vielblüthigen gelblichen, fast 1/2 Zoll langen Aehren zusammengesetzt. Die Bälge stehen ziegeldachartig in 2 Reihen dicht neben einander, sind elliptisch, stumpflich, glatt, flach, gelblich mit grünen verschwin=

denden Rückennerven. Die Blüthen enthalten 3 Staubgefäße und 2 Narben. Die Frucht ist verkehrt eyförmig rundlicht, am Grunde verschmälert, am Ende stumpfstachlich, schwarzbraun mit dunklern feinen Puncten besetzt.

Fig. α. Die ganze Pflanze. B. Ein Abschnitt des dreiseitigen Halms. C. Der obere Theil des Halms mit der stiellosen siebenährigen eingehüllten Spirre. D. Ein Theil der Spindel mit 2 zweireihig gestellten Bälgen. E. Eine Zwitter-Blüthe mit 3 Staubgefäßen, 2 Narben und dem Bälglein. f. F. Die Frucht.

Hoppe.

III.1.

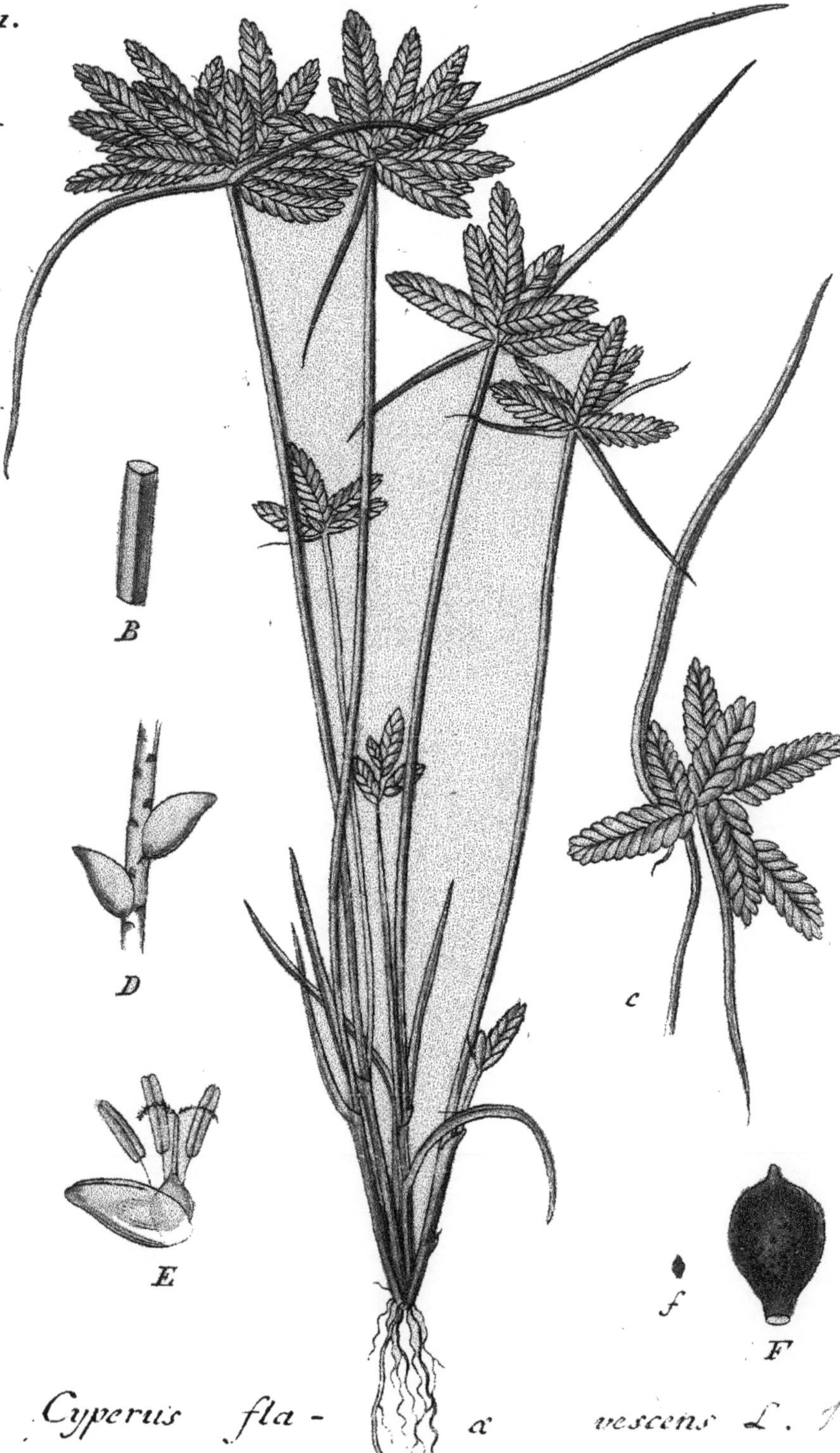

B

D

E

c

f

F

Cyperus flavescens L. 18

α

CYPERUS fuscus. L.

Braunes Cyperngras.

Mit dreikantigem Halme, zusammengesetzter schlaffer, fast gestielter Spirre, dreiblättriger Hülle, linealischen Aehren, eyförmig-spitzlichen Bälgen, zweyen Staubgefäßen und drei Narben.

Wächst auf nassen sandigen Boden, in Sümpfen, Gräben und an Weihern, blühet im Juli und August.

Die einjährige Wurzel besteht aus kurzen, zarten bräunlichen Fasern und treibt dichte Rasen von Blättern und Halmen. Die Blätter stehen aufrecht, sind etwas breitlicht, linealisch, spitzig, gekielt, hellgrün, an den Spitzen etwas scharf, fast so lang als die Halme. Die Halme spannenlang aufrecht, dreikantig, glatt, an der Basis mit bräunlichen Blattscheiden umgeben. Die Spirren sitzen an der Spitze der Halme, sind mit 3 ungleich langen schärflichen, fast aufrechten Hüllblättchen gestützt und bestehen aus mehrern anfangs gedrängt stehenden, stiellosen, zuletzt gestielten linealischen, oben verschmälerten 1/4 Zoll langen, flachen, vielblüthigen, schwarzbraunen Aehren. Die Bälge stehen in 2 Reihen etwas schlaff neben einander, sind eyförmig mit verschmälerter Spitze, schwarzbraun, glatt mit einem starken grünen bis zur Spitze fortlaufenden Rückennerven. Die Blüthen bestehen aus 2 Staubgefäßen und 3 Narben. Die Frucht ist eyförmiglänglicht, dreiseitig, an beiden Enden zugespitzt, glatt, weißlicht, nicht punctirt.

Diese Art hat den ganzen Bau mit C. flavescens. gemein, ist aber durch die kürzern, schmälern, schwarzbraunen Aehren leicht zu unterscheiden. Sie liebt auch mehr sumpfigten Boden, ist etwas seltner, und wächst nur selten mit derselben an einerlei Stelle.

Fig. a. Die ganze Pflanze. B. Ein Abschnitt des dreikantigen Halms. C. Eine Aehre. D. Eine Blüthe mit 2 Staubgefäßen, 3 Narben und dem Bälglein. e. E. Die Frucht.

Hoppe.

III.1.

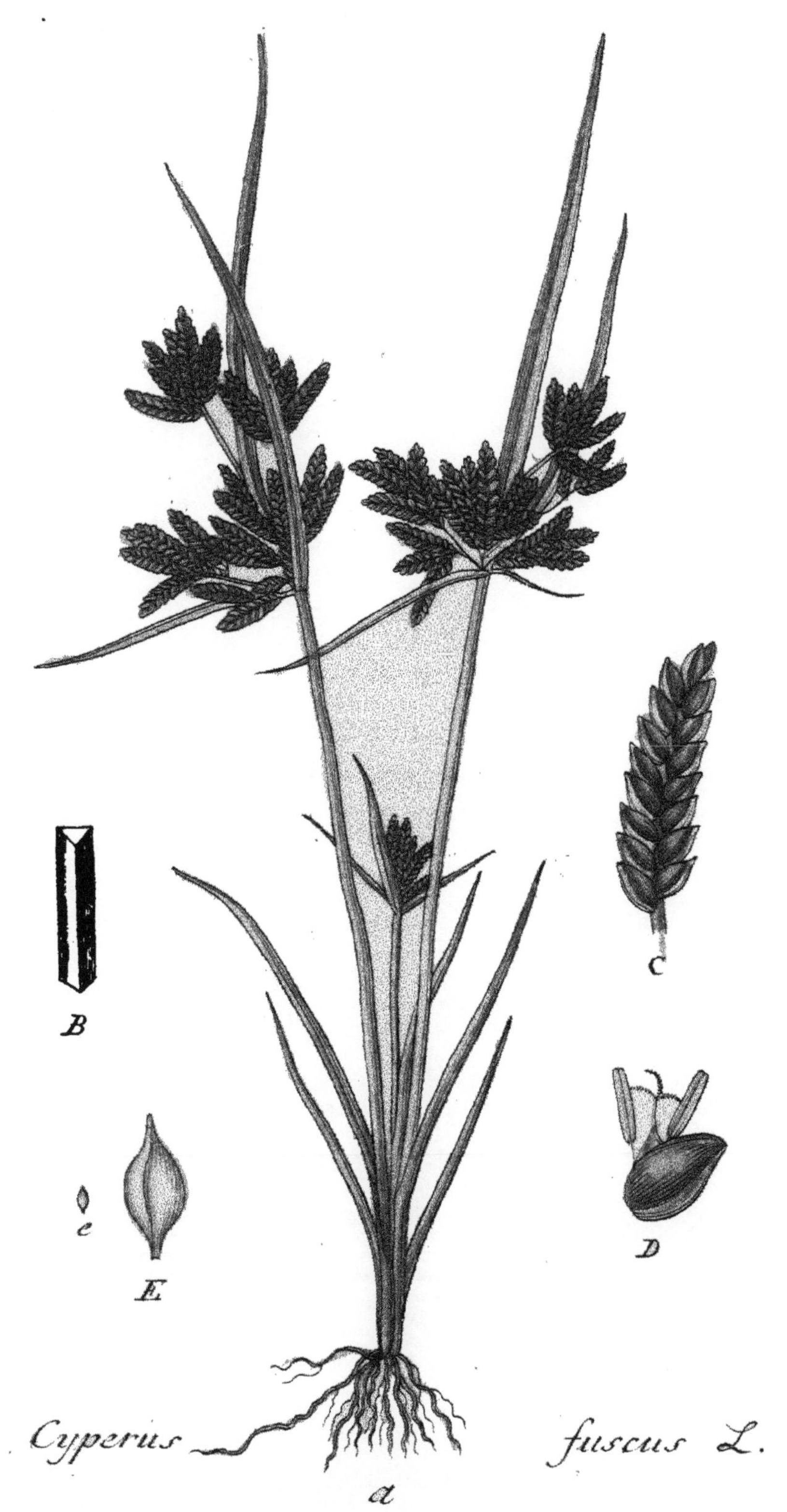

Cyperus fuscus L.

Dritte Klasse. Erste Ordnung.

CYPERUS glaber. Linn.

Glattes Cyperngras.

Mit dreikantigen nackten glatten Halmen, zusammengesetzter knäuelförmiger Spirre, von denen die äußersten gestielt sind, dreyblättriger Hülle, linealischen sehr kurzen Aehren, eyförmigen spitzigen Bälgen, glatten Blättern und zwei Narben.

Wächst an feuchten Orten auf überschwemmten Grasplätzen in Schlesien, Friaul und dem südlichen Tyrol, blühet im July und August.

Die einjährige Wurzel besteht aus kurzen zarten gelblichten Fasen und treibt einzelne Büscheln von Blättern und Halmen. Die Blätter stehen aufrecht, sind hellgrün und glatt, schmal linealisch, spitzig, gekielt, fast so lang als die Halme. Die Halme sind fast schuhlang, schlank, schlaff dreikantig, glatt, untenher mit Blättern besetzt. Die Spirren sitzen an der Spitze des Halms anfangs in dichten Knäueln zusammengedrängt, die äußern zuletzt gestielt, sind mit drei ungleich langen sehr schmalen glatten Hüllblättchen gestützt, von dem das obere aufrecht ist, die andern abstehen, und bestehen aus 6—12 sehr schmalen, sehr kurzen linealischen flachen braunen Aehren. Die Bälge stehen zweyreihig gedrängt neben einander, sind eyförmig, spitzig, glänzend glatt, dunkelbraun mit einem sehr breiten grünlicht-weißen Rückennerven, der bis zur Spitze fortlaufend erscheint, die Blüthen bestehen aus 3 Staubgefäßen und 2 Narben. Die Frucht ist eyförmig, dreiseitig, am obern Ende mit einer stumpfen Stachelspitze gekrönt, weißlicht, glatt, nicht punktirt.

Diese Art, von welche Cyperus virescens Kroker, Hoffm. Willdenow, ein Synonymum ist, hat mit C. fuscus sehr viele Aehnlichkeit, ist aber durch dünnere Rasen, schlankern Wuchs, bräunlichen Aehren und zwei Narben und spitzigen Bälgen davon verschieden.

Fig. a. Die ganze Pflanze b. Eine gestielte Spirre C. Eine einzelne Aehre D. Eine Blüthe mit dem Balglein und den zwei Narben. e. E. die Frucht.

Hoppe.

Cyperus glaber L.

Dritte Klasse. Erste Ordnung.

CYPERUS pannonicus. L.

Ungarisches Cyperngras.

Mit fast blattlosen aufsteigenden dreiseitigen Halmen, einfachen stiellosen Spirren, zweyblättrigen Hüllen, eyförmig-länglichten Aehren, eyförmig-zugespitzten Bälgen, zwei Narben und faserigter Wurzel.

Wächst an feuchten etwas salzichten Stellen in Ungarn, findet sich besonders häufig am Neusiedler See bei Presburg, und blühet im July und August.

Die Wurzel ist einjährig, faséricht, bräunlicht und treibt dichte Rasen von zahlreichen Halmen und wenigen Blättern. Die Blätter sind sehr kurz, schmal rinnenartig, glatt, und stehen einzeln am Grunde der Halme und umfassen denselben mit gelblichen Scheiden; die Halme sind aufsteigend, dreyseitig, von ungleicher Länge, so daß die Jüngern kürzern kaum einen Zoll lang sind, während die Aeltern die Länge einer Spanne erreichen. Die Spirre ist stiellos einfach, und besteht aus einer einzigen bis zu 5 Aehren, ist mit einer zweyblättrigen Hülle gestützt, von denen das eine Blättchen einen Zoll lang ist und aufrecht steht, das andere kürzere zurückgeschlagen ist, beide aber mit einer erweiterten

Basis die Spirre umgeben. Die Aehren sind eyförmig-länglicht, flach. Die Bälge liegen ziegeldachartig in 2 Reihen nebeneinander, sind eyförmig, zugespitzt, gekielt, hellgrün braungefleckt, im Alter ganz braun. Die Narbe ist zweyzählig. Die Frucht eyförmig-rundlicht-drey-seitig, mit einem langen fadenförmigen Fortsatze gekrönt, ochergelb.

Diese Art wurde noch nicht als wirkliches deutsches Gewächs angegeben, wahrscheinlicher Weise kommt sie aber nach Willenow in Oestreich an der ungarischen Grenze vor.

Fig. α. Die ganze Pflanze. b. Der obere Theil eines Halms mit der Hülle und der Spirre. C. Eine Aehre. D. das Bälglein mit den 2 Narben. . c. E. Die Frucht.

Hoppe.

Cyperus pannonicus L.

Dritte Klasse. Erste Ordnung.

CYPERUS esculentus. L.

Eßbares Cyperngras.

Mit faserig-ästiger mit Knollen besetzter Wurzel, aufrechten glatten fast nackten dreykantigen Halmen, drei bis sechsblättrige Hülle, zusammengesetzte gestielte Spirre, linialisch-lanzettlichen flachen Aehren eyförmig-länglichten stachelspitzigen Bälgen, zwey Staubgefäßen und drei Narben.

Wächst, nach Wulfens Angabe, an der Seeküste von Aquileja, und blühet im July und August. Die ausdauernde Wurzel besteht aus zahlreichen dicklichen ästigen Fasern an deren Enden eyförmig-rundlichte bräunliche querrunzliche Knollen hängen, und treibt dichte Rasen von Blätterbüscheln und Halmen. Die Blätter stehen aufrecht, sind fast schuhlang, schmal, flach, gekielt, glatt und gehen in eine scharfe Spitze aus. Die Halme sind länger als die Blätter, aufrecht, glatt, dreykantig, am Grunde mit glatten Blattscheiden besetzt, dann blattlos. Die Hülle ist 3—4 blättrig, die Blättchen stehen aufrecht und sind kaum fingerlang. Die Spirre ist zusammengesetzt und besteht aus 4—6 Aesten, die kürzer oder länger gestielt sind und 6—8 wechselseitige zwölfblüthige, linealische zusammengedrückte Aehren die zwey Staubgefäße und drei Narben enthalten. Die Bälge sind eyförmig-länglicht, gelblicht, weißrandig, mit grünen Rückennerven, die in eine kurze Stachelspitze ausgeht.

Diese Art ist kaum den deutschen Gewächsen zuzuzählen, da sie in neuern Zeiten an dem angegebenen Wohnorte nicht mehr gefunden worden ist; am ersten dürfte sie in Südtyrol gegen die italienische Gränze entdeckt werden.

Fig. α. Die ganze Pflanze. B. Ein Blattabschnitt. C. Ein Spirrenast. D. Eine Aehre. E. Eine Blüthe mit den zwei Staubgefäßen, drei Narben und dem stachelspitzigen Bälglein. F. Die unter dem Namen Erdmandeln bekannte Wurzelknolle, ganz und Längsdurchschnitten.

Hoppe.

Cyperus esculentus L. 22.

Dritte Classe. Erste Ordnung.

CYPERUS Monti. L.

Montisches Cyperngras.

Mit dreikantigem Halme, zusammengesetzter Spirre, drei- bis vierblättriger Hülle, lanzettlichen flachen Aehren, ovalen stumpfen, schlaff ziegeldachartig, zweireihig gestellten Bälgen und zwei Narben.

Wächst an wässerichten Orten und überschwemmten Plätzen, an Gräben und Teichen bei Monfalcone, im Friaul und südlichen Tyrol und blühet im Juli und August.

Die ausdauernde kriechende Wurzel ist gelblich, mit braunen Schuppen bedeckt, und mit dicklichen Fasern versehen. Die Blätter stehen aufrecht, sind lang, schmal, flach, gekielt, gestreift, glatt, mit lang gezogener rauher Spitze, am Grunde in röthliche Scheiden eingehüllt. Die Halme 2 Schuh hoch, aufrecht, dreikantig, meergrün, gestreift, glatt. Die Spirre ist zusammengesetzt, und mit einer drei- bis vierblättrigen Hülle gestützt, wovon das längste Blatt fast 1 1/2 Schuh lang ist. Die Spirrenstiele in einer ockerfärbigen Scheide eingehüllt. Die Aehren sind lanzettlich, spitzig, fast stielrundlicht, oder nur wenig zusammengedrückt und bestehen aus 15 Blüthen, davon die untern gewöhnlich unfruchtbar sind.

Die Bälge stehen ziegeldachartig in 2 Reihen locker uber einander, sind oval, stumpf, hautigt, glänzend, röthlichtbraun mit breitem weißen Rande, und schmalen grunen Rückennerven. Die Blüthen enthalten 3 Staubgefäße und zweitheilige Narben. Die Früchte sind verkehrteyrund, etwas flachgedrückt, dreiseitig, öckergelb.

Fig. α. Ein Blätterbüschel mit einem Theil der Wurzel. β. Der obere Theil des Halms mit der blättrigen Spirre. c. Eine einzelne Aehre. C. Dieselbe vergrössert. D. Eine Blüthe mit den zwei Narben und dem Bälglein. e. E. Die Frucht. F. Der Saamen.

Hoppe.

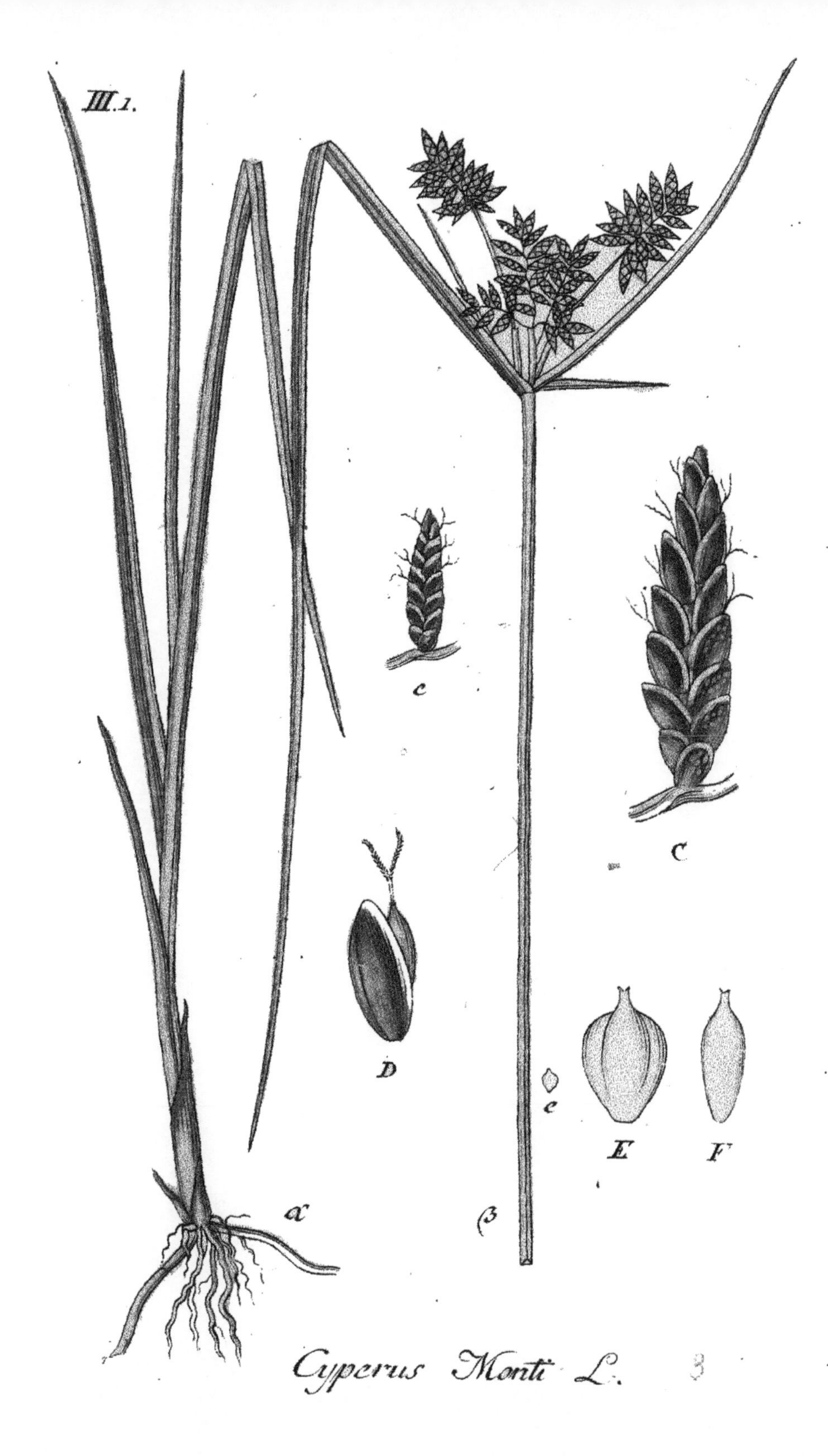

Cyperus Monti L.

CYPERUS longus. L.

Langes Cyperngras.

Mit dreikantigem Halme, zusammengesetzter langgestielter Spirre, vier, bis sechsblättriger Hülle, linealisch-lanzettlichen flachen Aehren, eyförmig-länglichen spitzlichen Bälgen und drei Narben.

Wächst an wässerichten Orten in Gräben und Sümpfen des südlichen Deutschlands bei Triest und Monfalcone, und blühet im Juli und August.

Die ausdauernde Wurzel ist lang und dünn, kriecht weit unter der Erde fort, treibt dicke braune Fasern, und einzelne Büschel von Halmen und Blättern. Die Blätter stehen aufrecht, sind linealisch, langzugespitzt, gekielt, gestreift, scharf, hellgrün, sehr lang und mit glatten, gestreiften röthlichen Scheiden eingehüllt. Die Halme 2—3 Schuh hoch, aufrecht, schlank, glatt, dreikantig. Die Spirren sitzen an den Spitzen der Halme, sind vielfach zusammengesetzt, deren Stiele ungleich lang, glatt, fast dreiseitig sind, und aus linealischen, spitzigen, flachen, glatten, glänzenden Aehren bestehen, deren Bälge ziegeldachartig über einander liegen und eyrundlänglich, spitzig, rothbraun, glänzend, weiß, gerandet und mit grünen Rückennerven gezieret sind. Die Blüthen enthalten drei Staubgefäße und drei Narben. Die Früchte sind länglicht, dreikantig, stumpflich, am Grunde verschmälert, schwärzlich.

Fig. α. Ein Blätterbüschel. β. Der obere Theil des Halms mit der Spirre. c. Ein einzelner Spirrenast mit den Blüthenähren. D. Eine einzelne Blüthe mit drei Staubgefäßen, drei Narben und dem Bälglein.

Hoppe.

III.1.
α
D
β
C
Cyperus longus L.

CYPERUS glomeratus. L.

Knaulförmiges Cypergras.

Mit faseriger Wurzel, aufrechten dreikantigen Halmen, zusammengesetzter gestielter und stielloser Spirre, sechsblättriger Hülle, linealisch-lanzettlichen flachen Aehren, länglichen stumpflichen Bälgen und drei Narben.

Wächst an der Seeküste bei Monfalcone auf überschwemmten Plätzen und in Gräben und blühet im August. Die ausdauernde Wurzel besteht aus vielen langen dicken bräunlichen Fasern. Die Blätter sind sehr lang, breit, flach, gestreift, gekielt, am Rande und an der langen Spitze scharf, und bedecken mit ihren gestreiften, mit netzartigen Maschen durchwebten häutigen langen und breiten Blattscheiden, die Halme. Die Halme stehen aufrecht, sind zwei bis drei Schuh hoch, untenher fingersdick, dreikantig, glatt, gestreift. Die Hülle ist sechsblättrig und besteht aus ungleich langen schmalen, am Rande scharfen, theils aufrechten, theils zurückgeschlagenen Blättern. Die Spirre ist fast fingerlang und besteht aus stiellosen und gestielten rundlichen Blüthenknaueln, die aus zahlreichen Aehren zusammengesetzt sind. Die Aehren sind linealisch-lanzettlich, zusammengedrückt, und bestehen aus 16 in zwei lockern Reihen gestellten Blüthen mit drei Staubgefäßen und drei Narben. Die Bälge sind länglich, nach oben zu verschmälert, stumpflich, hohl, röthlich, mit weißlichen häutigen Rande und grünem Rückennerven. Die Frucht ist länglich, dreiseitig, gelblich.

Fig. α. * Die ganze Pflanze. b. B. Eine Aehre in natürlicher Größe und vergrößert. C. Ein Theil der Spindel mit zwei wechselseitigen Blüthen. D. Die Blüthe mit den 3 Staubgefäßen, dem Fruchtknoten, Griffel und den 3 Narben.

Hoppe.

III. 1.
b
B
C
D
a
Cyperus glomeratus L.

Dritte Classe. Zweite Ordnung.

ANDROPOGON Ischaemum. L.

Schuppengrasartiges Bartgras.

Mit vielzählichen Aehren, zweifach-zusammengefügten wechselständigen Aehrchen, unteren stiellosen gegrannten Zeitterblüthe, oberen gestielten, grannenlosen einspelzigen männlichen Blüthe, fast aufrechten, ästigen Halmen und behaarten Blättern.

Wächst fast durch ganz Deutschland an trokkenen grasigten Stellen, an Feldrainen, Wegen und Hügeln, blühet im Juli und August.

Die Wurzel kriecht, ist holzigt, ästig, weißlicht, und treibt einzelne Büschel von Blättern und Halmen. Die Wurzelblätter stehen aufrecht, sind linealisch, flach, zugespitzt, gestreift, meergrün, scharf, behaart, am Rande mit langen Haaren gefranzt. Die Blattscheiden lang gebartet. Die Halme sind 1 bis 1 1/2 Schuh hoch, aufrecht, oder aufsteigend, einfach, zuweilen am Grunde ästig, stielrund, glatt, strohfärbig, mit gefärbten Knoten und gestreiften Scheiden besetzt, nach oben zu nackt. Die Blüthen stehen am Ende der Stengel und Aeste in fingerförmigen linealischen Zoll langen blaßbläulichen Aehren, wechselseitig an der weichharigen Spindel beisammen, sind linealisch, glatt, gestreift, blaßbläulich oder violettfärbig, mit langer knieförmiger Granne, theils zwittrig, theils männlich, wie aus nachstehender Zergliederung zu ersehen ist.

Fig. α. * Die ganze Pflanze. b. Der obere Theil des Halms mit den fingerförmig gestellten Aehren. C. Eine abgesonderte noch geschlossene Zwitter- und männliche Blüthe. D. Dieselben geöffnet mit der stiellosen gegrannten Zwitter-Blüthe und der grannenlosen gestielten männlichen. E. Eine abgesonderte geöffnete Zwitter-Blüthe mit den beiden Kelchklappen und dreien Blumenspelzen, wovon die mittlere gegrannt ist, den drei röthlichen Staubgefäßen und den beiden amethystfärbigen Narben. F. Die männliche Blüthe mit den drei Staubgefäßen und der einzelnen Blumenspelze.

Hoppe.

III. 2.

C D b F E a

Andropogon Ischaemum L.

Dritte Classe. Zweite Ordnung.

ANDROPOGON distachyos. L.

Zweiährriges Bartgras.

Mit zweizählichen Aehren, zweifach zusammengefügten wechselständigen Aehrchen, unteren stiellosen doppelt gegrannten Zwitterblüthe, oberen gestielten gegrannten männlichen Blüthe, aufrechten einfachen Halmen und behaarten Blättern.

Wächst auf grasichten Stellen an der Küste des adriatischen Meers. im Littorale, Istrien und Friaul, und blühet im Junius.

Die ausdauernde Wurzel ist fasericht. Die Blätter stehen aufrecht, sind zuweilen bogenförmig gekrümmt, linealisch, flach, gekielt, gestreift, glatt, behaart, am Rande scharf, und von langen Haaren gefranzt. Die Halme sind 1 1/2 Schuh hoch, fast einfach, aufrecht, oder etwas niedergebogen, glatt, gestreift, strohfärbig, und mit gestreiften oben gebarteten Blattscheiden umgeben. Die Blüthen stehen an der Spitze des Stengels in doppelten linealischen 1 1/2 Zoll langen, fast einseitigen gegrannten bläulicht angelaufenen Aehrchen, wovon das untere in jedem Gelenke stiellos und zwittrig, das obere gestielt und männlich ist.

Fig. α. Die ganze Pflanze. B. Ein Abschnitt des Halms mit einem Theil der gestreiften Blattscheide, dem gebarteten Blatthäutchen, und einem Theil des behaarten Blatts. c. Der obere Theil des Halms mit den beiden Aehren. D. Ein Theil der behaarten Spindel mit der untern stiellosen doppeltgegrannten Zwitter-Blüthe und der obern gestielten und gegrannten männlichen Blüthe. E. Die abgesonderte geöffnete Zwitter-Blüthe mit der äusseren zweispaltigen und der innern ausgerandeten gegrannten Kelchklappe, der äußern grannenlosen und der innern zweispaltigen gegrannten Blumenspelze, den drei gelblichten Staubgefäßen, und den beiden bräunlichten Narben. F. Dieselbe ohne die Kelchklappen. G. Dieselbe mit der ungegrannten Blumenspelze. H. Eine geöffnete männliche Blüthe mit den beiden Kelchklappen und den drei Staubgefäßen.

Hoppe.

Andro.........pogon distachyos L.

Dritte Classe. Zweite Ordnung.

ANDROPOGON Gryllus. L.

Rispenförmiges Bartgras.

Mit einfacher ausgebreiteter Rispe, dreiblüthigen Aesten, einer mittelständigen stiellosen am Grunde gebarteten doppeltgegrannten Zwitterblüthe, zweyen seitenständigen gestielten gegrannten männlichen Blüthen, aufrechten einfachen Halmen und behaarten Blättern.

Wächst auf etwas sandigen, trockenen Wiesen und Weiden bei Triest häufig, und blühet im Junius.

Die perennirende Wurzel ist holzicht, in dickliche weißlichte Aeste getheilt, und treibt dichte Rasen von Blättern und Halmen. Die Wurzelblätter stehen aufrecht, sind oft bogenförmig gekrümmt, schuhlang, linealisch, gekielt, gestreift, zugespitzt, behaart und sehr scharf. Die Halme sind 2—3 Schuh hoch, aufrecht, einfach, steif, gestreift, glatt, stielrund, an den Knoten gefärbt und mit sehr langen, gestreiften, glatten Blattscheiden umgeben, die nur in ein sehr kurzes Blatt ausgehen. Die Rispe ist ganz einfach, sehr ausgebreitet, aufrecht, zuletzt abstehend. Die Aeste stehen in Quirlen zu 10—12 beisammen, sind ganz einfach, fadenförmig, scharf, 2 Zoll lang, unter der Blüthe gebartet, dreiblüthig. Die Blüthen sind bleifarbig, röthlich, zuweilen gelblich: das mittlere ist stiellos zwittrig, doppelt gegrannt: die eine Granne viel länger als die andre; die beiden seitenständigen sind männlich und nur kurz gegrannt.

Es ist eine sehr zierliche Grasart, die bei Triest ganze Wiesen anfüllt und von weiten durch die röthlichen Rispen ins Auge fällt. Es giebt eine Abart mit gelblichen Rispen.

Fig. α. Die Wurzel mit einem Blätterbüschel. β. Der obere Theil des Halms mit der Rispe. C. Ein Ast der Rispe mit dem Barte. c. Ein solcher mit einer geöffneten stiellosen Zwitter- und einer geschlossenen männlichen Blüthe. D. Die Spitze eines Astes mit den 3 Blüthen annoch geschlossen. E. Eine offene Zwitterblüthe mit den beiden Kelchklappen und den 3 Blumenspelzen, wovon die innere gegrannt ist. F. Der Fruchtknoten mit dem Griffel und den beiden amethistfarbigen Narben. G. Eine offene männliche Blüthe. H. Eine stiellos zwittrige, und geschlossene männliche Blüthe.

Hoppe.

III. 2.
F
α
C
c
H
G
E
β
D
Andropogon Gryllus L.

ANDROPOGON halepensis. Sibthp.

Aleppisches Bartgras.

Mit ästiger Rispe, vielblüthigen Aesten, stiellosen gegrannten Zwitterblüthen, gestielten ungegrannten männlichen Blüthen, aufrechten am Grunde ästigen Halmen und unbehaarten Blättern.

Wächst an trockenen Grasplätzen, an Zäunen und in Weinbergen in Istrien, Friaul und im Littorale, blühet im Juli und August.

Die perennirende Wurzel ist lang, dick, holzicht, kriechend mit vielen Fasern versehen und treibt dichte Büschel von Blättern und Halmen. Die Blätter sind über einen Schuh lang, lanzettlich, lang zugespitzt, flach, gekielt, gestreift, scharf. Die Halme sind 3—4 Schuh hoch, aufrecht, rohrartig, einfach, stielrund, gestreift, glatt, mit glatten Blattscheiden und fast behaarten gefärbten Knoten besetzt. Die Blüthenrispe ist sehr ausgebreitet, ästig, schlaff, aufrecht, zuletzt abstehend, oder an der Spitze überhängend. Die Aeste stehen untenher in Halbquirlen, nach oben zu einzeln, sind sehr zart, rauh, eckigt und fast hin und hergebogen. Die Blüthen sind seitwärts gestellt und theils zwittrig, theils männlich, wie bei der ganzen Gattung.

Fig. A. Die ganze Pflanze. B. Ein abgesonderter Blüthenast. C. Ein Theil der behaarten Spindel mit den beiden noch geschlossenen Blüthen. D. Eine geöffnete Zwitterblüthe mit den beiden ungegrannten Kelchklappen, und den Blumenspelzen, von welchen die äußere mit einer gedrehten Granne besetzt ist, den gelblichten Staubgefäßen und gelblichten Narben. E. Die äußere etwas behaarte fast dreizähnige Kelchklappe. F. Die innere unbehaarte. G. Die äußere Blüthenspelze mit der Granne. H. Die innere ungegrannte. J. Die geöffnete männliche Blüthe mit den Kelchklappen, Blumenspelzen und Staubgefäßen. K. Die äußere Kelchklappe, L. die innere. M. Die äußere Blumenspelze, N. die innere.

Hoppe.

Andropogon halepensis Sibth.

Vierte Classe. Erste Ordnung.

PLANTAGO alpina.

Alpen=Wegerich.

Mit linealischen an beiden Enden verschmälerten ganzrandigen flachen glatten Blättern, stielrunden behaarten Blüthenschafte, walzichter Blüthenähre, einzelnen eyrunden häutig gerandeten Deckblättern und ovalen Kelchzipfeln.

Wächst nach Herrn Forstrath Koch auf den voralbergischen Alpen und nach meinen eigenen Erfahrungen in der mittlern Region der Brunalpe im Salzburgischen Brixenthale. Mehrere andere früher angegebene Wohnörter in Schlesien, Bayern und Salzburg, dürften nicht zu beachten seyn, da früher diese Pflanze miskannt und Plantago montana Lam. dafür genommen wurde. Blühet im Juni.

Die Wurzel ist einfach, holzicht, braun, inwendig weiß. Die Blätter stehen alle an der Wurzel, sind linealisch, doch an beiden Enden etwas verschmälert, ganzrandig, hellgrün und kahl. Die Blüthenschäfte kommen zu 4—6 aus einer Wurzel, sind von unglei=

cher Länge, höchstens einen Finger lang, aufrecht, stielrund, zum Theil mit angedrückten Haaren besetzt. Die Blüthenähren stehen an der Spitze der Schäfte, sind walzenförmig, fast 1/2 Zoll lang, aufrecht und dicht mit Blüthen besetzt, deren jede mit einem einzelnen, eyförmigen, bräunlichtgrünen, häutiggerandeten Deckblatte gestützt ist. Der vierspaltige Kelch ist kahl, hellgrün, mit röthlicht eingefaßten, eyförmig-stumpfen Zipfeln. Die Blüthenähre ist behaart; die 4 Blüthenzipfel sind lanzettartig, spitzig, grünlichtweiß, mit röthlichtem Nerven durchzogen. Die weißen Staubfäden sind beträchtlich lang, mit rundlichten, gelblichten Beuteln gekrönt; der grünlichte, verlängerte Staubweg ist borstenartig, und mit den Staubfäden von gleicher Länge. Die rundum aufspringende Fruchtkapsel ist zweifächerig, und enthält in jedem Fache 2 rundlichte, schwärzlichte Saamen.

Fig. *α*. die ganze Pflanze. b. B. Eine Blüthe in natürlicher Größe und vergrößert. C. Der Kelch.

Hoppe.

IV. 1.
b
B
a
C
Plantago alpina L.

ALCHEMILLA alpina.

Alpen-Sinau.

Mit gefingerten Blättern, fünf bis neunzähligen keilförmig-lanzettlichen an der stumpfen Spitze mit gegen einander geneigten Zähnen versehenen, auf der untern Seite seidenhaarigen Blättchen und zweitheiligen Blüthentrauben.

Wächst in den niedern Regionen der Alpen an sandigt-steinigten Orten; besonders häufig auf dem Untersberge bei Salzburg und blühet im Mai und Junius.

Die dunkelbraune, einfache, holzichte Wurzel ist nach unten zu mit mehrern Fasern versehen. Die übrigen Pflanzentheile sind mehr oder weniger von Seidenhaaren graulichtweiß. Die Wurzelblätter stehen anf fast fingerlangen, flachen Stielen und enthalten 5—9 Blättchen, welche fast verkehrt-lanzettlich, stumpf, nach unten zu verschmälert, an der Spitze sägezähnig, kahl, auf der untern Seite stark seidenhaarig, glänzend und kreisförmig an der Erde ausgebreitet sind. Die Stengel sind aufsteigend, stielrund, und mit wenigen allmählich kleiner werdenden, wechselseitigen Stengelblättern besetzt, deren kurze Stiele sich auf getheilten Blattansätzen stützen. Von der Mitte an sind die Stengel in gabelförmige Aeste getheilt, die mit kurzen Blüthensträußen besetzt sind. Die einzelnen Blüthen stehen auf kürzern oder längern Stielchen und enthalten eine achtspaltige Hülle, deren innere Zipfel eyförmig und breiter sind als die äußern, und die im Alter eine einzige grünlichte rundlichte Frucht einschließt.

Fig. α. Die ganze Pflanze. b. Der Abschnitt einer Blüthentraube. C. Die Blüthe. D. Die geöffnete Blüthenhülle mit der inliegenden Frucht. e. E. Dieselbe abgesondert.

Hoppe.

IV. 1.

Alchemilla alpina L.

ALCHEMILLA fissa. Schummel.

Gespaltener Sinau.

Mit schwachem niederliegenden Stengel, glatten Blattstielen, scheibenrunden herzförmigen 7lappigen Blättern, deren Lappen umgekehrt eiförmig, keilförmig, scharf gezähnt und etwas wimperig sind, doldentraubigen Blumen, und mit einem eiförmigen, linsenförmigen Akenium.

Auf hohen, gebirgigen, steinigen, feuchten Orten, in den Sudeten, und vermuthlich auch in den übrigen Alpen Deutschlands; blüht im Mai und Juni, oft zum zweitenmale im September; perennirt.

Der Wurzelstock cylindrisch, schief, mit bräunlichen vertrockneten Schuppen bedeckt, aus deren Achseln die bräunlichen, einfachen, hin und her gebogenen Wurzeln entspringen. Der niederliegendaufsteigende, walzenrunde, spannen- oder fußlange Stengel glatt, beblättert, von der Mitte an ästig. Die Wurzelblätter erscheinen büschelförmig, mit 2—4 Zoll langen, rundlichen, glatten Blattstielen. Die Blattfläche rund, mit herzförmiger Basis, in 7 umgekehrt-eiförmig-keilförmige Lappen bis auf die Hälfte eingeschnitten; die Lappen stumpf, scharf und einfach gesägt, und gewimpert. Die obern Stengel und Astblätter sind sitzend und dreilappig. Die Nebenblätter an der Basis des

Blattstieles befestigt, bei den untersten Blättern lanzettförmig-spitzig, bei den obern Blättern fast eiförmig oder umgekehrt-eiförmig, gegen die Spitze zu scharf gesägt. Die Doldentrauben endständig zusammengesetzt, geballt. Die Blumenstiele fadenförmig glatt.

Der Kelch bleibend glockenförmig, der Schlund mit einer runden röthlichen Scheibe geschlossen; der Saum achtheilig, die innern 4 Lappen größer, eiförmig, an der Spitze mit kleinen Haarbüscheln versehen, glatt und gelblichgrün, die 4 äußern kleiner, linienförmig, und mit den innern abwechselnd. Keine Blumenkrone.

Staubfäden 4 auf der, den Schlund schließenden Seite angeheftet, fruchtbar, den äussern Kelchlappen gegenüberstehend.

Der Staubbeutel klein, fast rundlich-zweifächrig. Der Fruchtknoten gestielt, eiförmig, in den Kelch eingeschlossen; der Stiel im Grunde des Kelches entspringend. Der Griffel an der Basis des Fruchtknoten entspringend, fadenförmig einfach. — Die Narbe kopfförmig. Das Akenium eiförmig, stumpf, linsenförmig-zusammengedrückt, glatt, einsaamig und schmutzig-gelb, in den Kelch fast eingeschlossen.

Fig. α. Die ganze Pflanze. B. Eine abgesonderte Blume. C. Dieselbe von der Seite. D. Dieselbe durchschnitten. E. Der Fruchtknoten mit dem Griffel. F. Das Akenium. G. Dasselbe durchschnitten. h. Ein Battlappen.

Fieber.

IV. 1.

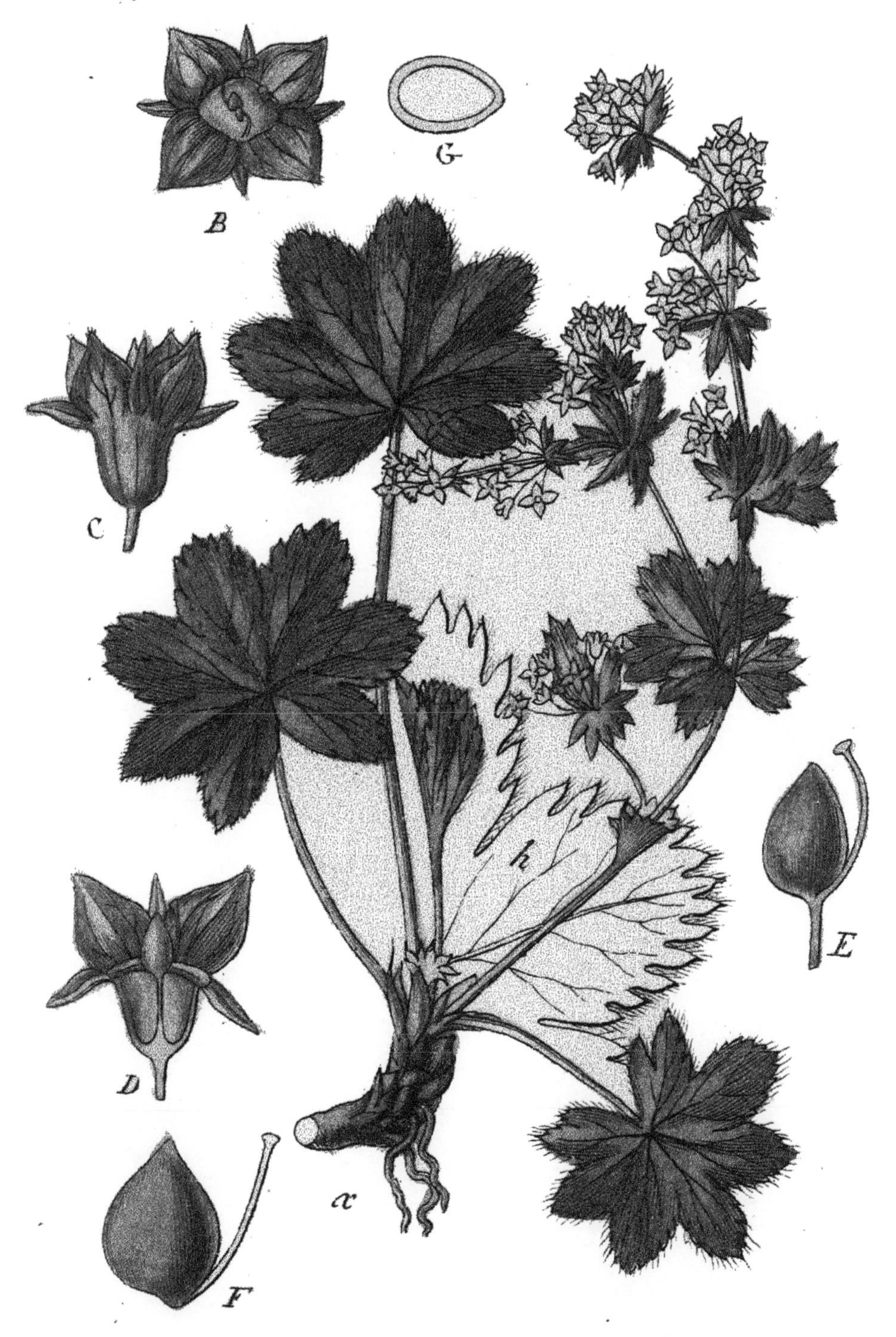

Alchemilla fissa Schum.

Fieber pinx.

Fünfte Classe. Erste Ordnung.

PRIMULA carniolica. Jacq.

Krainische Primel.

Mit glatten elliptisch-länglichten, fast ganzrandigen in den langen Blattstielen herablaufenden Blättern, aufrechten wenigblüthigen Dolden, sehr kurzen glatten spitzigen Kelchzipfeln und unbepuderten Blüthen.

Wächst in Felsenritzen bei Idria und blühet im Mai.

Die Pflanze hat im Ganzen den Bau von Primula Auricula. Die dicken, mit starken Fasern versehenen, geringelten, schiefen, fast holzichten, braunen, inwendig weißen Wurzeln, stecken tief in den Felsenritzen. Die Blätter stehen alle in der Runde herum an der Wurzel, sind ganz glatt und zart, elliptisch länglich, ganzrandig oder schwach buchtig ausgeschweift und in einen langen flachen Blattstiel auslaufend. Der Blüthenschaft ist spannenlang, aufrecht, stielrund und glatt. Die Blüthendolde an der Spitze des Schafts besteht aus 2—5 aufrecht stehenden Blüthen die auf

4

kurzen ungleichlangen Stielen stehen, welche am Grunde mit sehr kurzen schmalen lanzettlichen Hüllblättchen gestützt sind. Der Kelch röhricht, kürzer als die Blumenröhre, fünfzähnig: die Zähne sehr kurz, eyrund, spitzig und ganz glatt. Die Blume ist trichterförmig, groß, röthlicht-violett im trockenen Zustande lilafärbig, mit fünftheiligen Saume und unbepuderten Schlunde, verkehrt herzförmigen ausgerandeten und gekerbten Zipfeln. Die Geschlechtstheile sind in der Blumenröhre verborgen. Die Staubfäden sind sehr kurz, weiß, die Beutel gelb. Der Griffel ist rosenfärbig mit rundlichter blaßgrüner Narbe. Die Kapsel rundlicht und enthält viele eckige braune Saamen.

Die Blumen haben einen angenehmen Honiggeruch.

Fig. α. Die ganze Pflanze. b. Eine Blume mit dem Kelch. c. Dieselbe von der vordern Seite. d. Der Kelch.

Hoppe.

Primula car- niolica Jacq.

Fünfte Classe. Erste Ordnung.

PRIMULA venusta. Host.

Schöne Primel.

Mit glatten länglicht-verkehrten-förmigen geschweift-gezähnten in den Blattstiel auslaufenden Blättern, überhängenden Blüthendolden und kurzen stumpflichen, fast bepuderten Kelchzipfeln, und bepuderten Schlunde.

Wächst in Felsenritzen bei Idria und blühet im Mai.

Die Wurzel ist vielköpfig, dick, braun mit starken Fasern und am Kopfe mit dem faserichten Ueberbleibsel vorjähriger Blätter bedeckt. Die Blätter stehen in der Runde herum an der Wurzel, sind ganz glatt, dicklich, geadert, länglich-verkehrt-eyförmig, stumpf, mit wellenförmig ausgeschweiften gezähnelten Rande und verschmälern sich allmählig in den verlängerten Blattstiel. Der Blüthenschaft ist spannelang, aufrecht, stielrund und glatt. Die Blüthendolde an der Spitze des Schaftes besteht aus 2—5 überhängenden Blüthen, die auf kurzen ungleich langen, glatten Stielen stehen, welche am Grunde mit kurzen ovalen Hüllblättchen gestützt sind. Der Kelch ist eckig, röhrig, kürzer als die Blumenröhre und in fünf kurze stumpfliche Zähne getheilt, die von aussen glatt, inwendig bepudert sind. Die Blume ist trichterförmig, kleiner als bei Pr. carniolica, dunkelviolett, in getrocknetem Zustande lilafärbig mit gelblichen bepuderten Schlunde, und verkehrt herzförmigen und ausgerandeten Zipfeln. Die Geschlechtstheile sitzen in der Blumenröhre verborgen. Die Staubgefäße sind sehr kurz mit weißen Fäden und gelben Beuteln. Der Griffel von der Länge der Röhre, grünlicht mit runder Narbe. Die Fruchtkapsel rundlicht, vielsaamig.

Diese schöne Primel ist schon vor mehrern Jahren von Herrn Präfect Headnick und Herrn Apotheker Freyer, in den Felsen von Jellenk im Gebirge von Krain bey Idria entdeckt und von ersteren im botanischen Garten zu Laibach gezogen, kürzlich aber von Herrn Leibarzt Host in seiner Flora anstriaca beschrieben worden.

Fig. α. Die ganze Pflanze. b. Eine Blüthe von der vordern, c. von der hintern Seite.

Hoppe.

V.1.
b
c
a
Primula venusta Host.

Fünfte Classe. Erste Ordnung.

PRIMULA Flörkeana. Schrad.

Flörkens Primel.

Mit verkehrt-eyförmigen in eine keilförmige Basis ausgehenden glatten, an der Spitze gezähnten Blättern, dreiblüthigen Schafte, länglichten verkehrteyförmigen stumpfen Hüllblättchen und stumpfen Kelchzipfeln, die halb so lang sind als die Blumenröhre.

Wächst in den Alpen von Steiermark, Salzburg, Kärnthen und Tyrol; jedoch überall nur selten, und blühet im August.

Die holzichte braunrindige, mit faserartigen Schuppen überzogene Wurzel, steckt wagerecht in der Erde, und treibt lange, dicke, gelblichte Fasern. Die Blätter stehen alle stiellos und gedrängt in der Runde verbreitet an der Wurzel, sind ganz glatt, hellgrün, verkehrteyförmig, mit stumpfer gezähnter Spitze und ganzrandiger keilförmiger Basis. Der Blüthenschaft ist kaum zolllang, stielrund, glatt, 2—3blüthig. Die Blüthen sind stiellos, mit verkehrteyförmigen länglichten stumpfen Hüllblättchen gestützt, die mit dem Kelch fast gleiche Länge haben. Der Kelch ist fast so lang als die Blumenröhre, becherartigröhrig mit 5 stumpflichen Zähnen. Die Blumen sind blaulichtröthlicht, im trockenen Zustande lilafärbig mit verkehrtherzförmigen zweispaltigen Zipfeln, ganzrandigen oder zuweilen buchtig gezähnten und gekerbten Lappen, und kurzhaarigem Schlunde. Die Geschlechtstheile sitzen in der Blumenröhre eingeschlossen; die Staubgefässe höher als der Staubweg. Die Fruchtknoten rund, der Griffel sehr kurz mit kuglicher Narbe.

Diese Pflanze wurde zuerst von Flörke im Jahr 1798 auf den Alpen im Zillerthale entdeckt, und von Schrader in Krünitzens Encyclopädie beschrieben. Nachher ist sie von Lehmann in den Alpen von Salzburg, von Portenschlag in Steiermark, und vor einigen Jahren von Rudolphi auf grasichten Anhöhen der Kärnthischen Alpen am Kaiserthörl in Gesellschaft von Primula minima und glutinosa, zwischen denen es eine Mittelpflanze ist, gefunden worden. Die Blätter sind denen an Pr. minima gleich; die Blumen kommen genau mit denen von Pr. glutinosa überein.

Fig. a. Die ganze Pflanze. b. Eine Blüthe von der hintern Seite.

Hoppe.

V. 1.

Primula
Floerkeana Schrad.

RIBES alpinum.

Alpen-Krausbeere.

Unbewehrt, mit dreilappichten unten glänzenden Blättern, aufrechten Blüthentrauben, drüsigen Traubenstielchen und lanzettlichen Deckblättern, die länger sind als das Blüthenstielchen.

Wächst zum Theil im flachen Lande, häufiger aber am Fuße der Gebirge. Bei Salzburg in Hecken vor dem neuen Thore und auf dem benachbarten Ofenlochberge, bei Heiligenblut hin und wieder im Thale, blühet im Mai.

Ein ansehnlicher, dornloser, 6—8 Schuh hoher, sehr ästiger Strauch, mit rothbrauner, glatter Rinde. Die Blätter stehen einzeln oder paarweise auf kurzen, flachen, mit Drüsenhaaren besetzten Blattstielen, sind herzförmig-rundlicht, dreilappich mit stumpfgekerbten Lappen, auf der obern Seite mit einzelnen anliegenden Haaren besetzt, auf der untern Seite glänzendglatt. Die Traubenstiele entspringen mit den Blattstielen aus einerlei

Knospe, sind 1 1/2 Zoll lang und besonders bei den männlichen dicht mit Blüthen besetzt, die auf kurzen, mit einem viel längern, lanzettlichen Deckblatte gestützten Stielen stehen, und bleichgrün, gewöhnlich zweihäusig, selten zwitterig sind. Der Kelch ist abstehend, mit 6 eyförmigen, stumpfen, weißlichten Zipfeln, die viel länger sind als die sehr kurzen, stumpfen, braunroth angelaufenen, spateligen Blumenblätter. In den männlichen Blüthen sind die Staubgefäße mit vollkommenen Staubbeuteln versehen, wogegen der Fruchtknoten fehlt; in den weiblichen fehlen die Staubbeutel, dagegen sich ein vollkommenes Pistill vorfindet. Die Beeren sind kugelrund, zinnoberroth, süßlichtwiederig von Geschmack, und mit weißgelblichten verkehrteyförmigen Saamenkörnern gefüllt.

Fig. α. Ein blühender männlicher Zweig. b Eine einzelne Blüthentraube. C. Die Blüthe mit dem Deckblättchen. D. Dasselbe von der hintern Seite. e. Ein Zweig der weiblichen Pflanze. f. Beeren. g. Saame.

Hoppe.

Ribes alpinum L.

In Schlesien, Böhmen, Oestreich und Krain, Steyermark, im Gebirge an feuchten Stellen; blüht im Mai und Juni. Strauchartig.

Im ersten Anblick verräth dieser unbewehrte 3 Fuß hohe Strauch viel Aehnlichkeit mit der rothen Krausbeere (R. rubrum).

Der Strauch 3 Fuß hoch, mit abstehenden Aesten, die Rinde braun, im Alter sich ablösend.

Blumentraube einfach, während dem Blühen aufrecht abstehend, bei der Fruchtreife herabhangend. Blumenstiel, Deckblätter und die Blattstiele zottig. Die Blumen innerhalb auf einem grüngelben Grunde mit vielen rothen Strichen und Punkten oft mehr und weniger bezeichnet, wodurch die Farbe von innen und außen blaßziegelroth erscheint.

Der Kelch glockenförmig, tief 5lappig. Die Blumenblätter fünf, spatelförmig, doppelt so kurz als der Kelch.

Die Frucht ist eine untere Beere, die fast kugelrund, dunkelroth, sehr kurz gestielt, und mit den Ueberresten des Kelches gekrönt ist; sie enthält meist einen rundlichen Saamen vor den übrigen ausgebildet. Der Saft röthlich, angenehm säuerlich.

Unterscheidet sich von R. rubrum durch die, während der Blüthe aufgerichteten Blumenähre, die bei der Fruchtreife abstehend herabhängt; durch zottige Blumenstiele, Stielchen und Blattstiele; ziegelröthliche, glockenförmige Blumen und wimperiche Kelchlappen; fünflappige, an den Nerven behaarte Blätter, und spitzige Lappen.

Fig. *a*. Ein Zweig der Pflanze. b. C. Eine abgesonderte Blume. D. Dieselbe durchschnitten E. Das Blumenblatt. *e*. Die Traube in ⅓ nat. Gr. g. Der Blattumriß. H. Der Saame ganz, und durchschnitten.

Fieber.

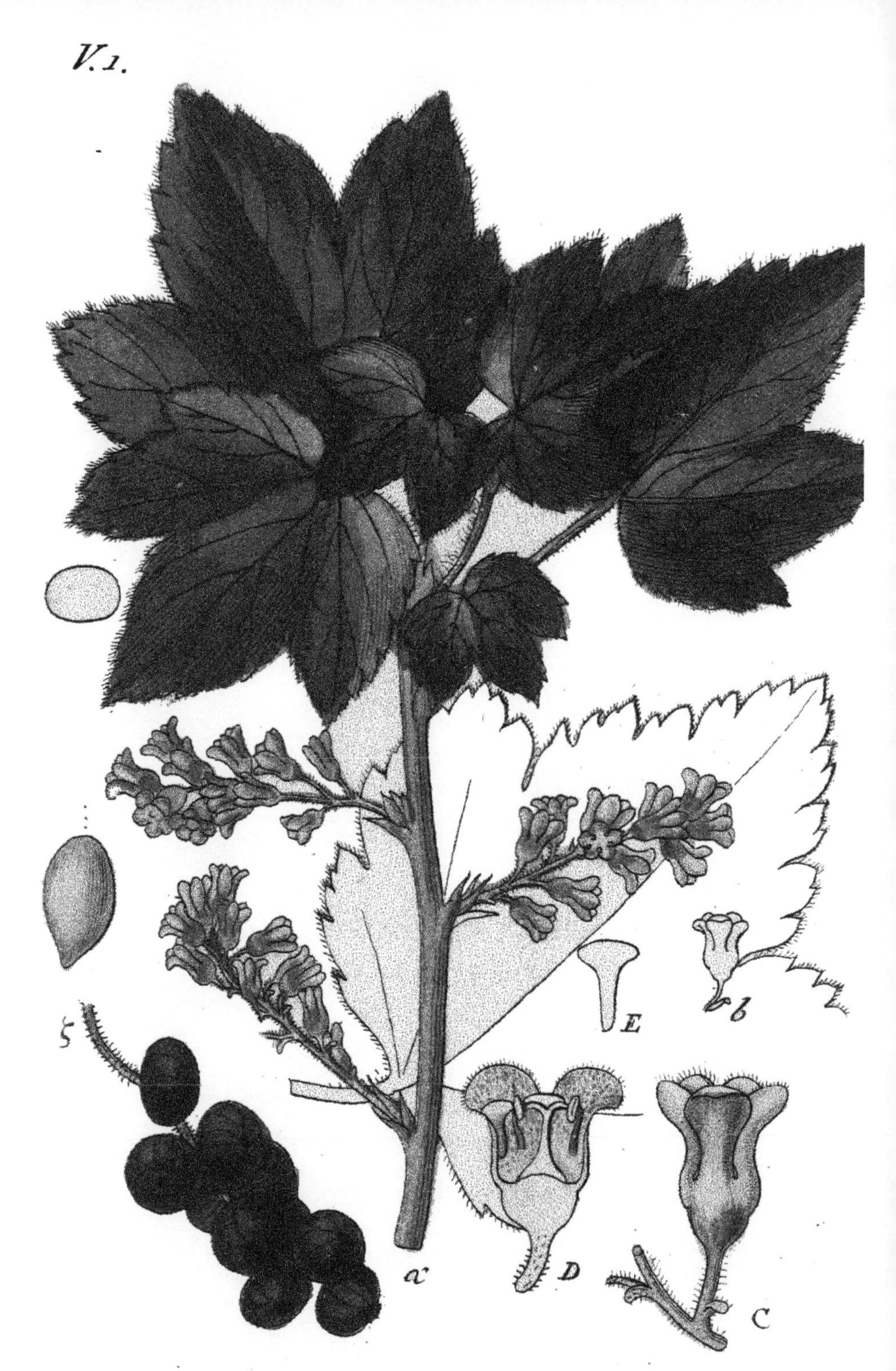

Ribes petraeum Haenke.

Fieber pinx.

CAMPANULA alpina.

Alpen=Glockenblume.

Mit einfachem hohlen dicklichen vielblütigen Stengel, langen einblüthigen Blüthenstielen, lanzettlichen fast ganzrandigen haarigen Blättern und linealen spitzigen Kelchzipfeln, die gleiche Länge mit den Blumen haben.

Wächst auf den Alpen von Oesterreich, Steiermark und Salzburg, auf trockenen grasleeren Boden; besonders auf der Spitze des Untersberg und blühet im Juni und Juli. Sie gehört gewissermaßen zu den seltenen Alpenpflanzen.

Die fast fingersdicke Wurzel ist spindelförmig, gelbröthlich, und oft am Grunde in mehrere dünnere Aeste getheilt. Die untersten Blätter sind oft rasenartig ausgebreitet, lanzettartig=länglicht, gegen die Spitze etwas breiter werdend, stumpflich, ganzrandig oder seicht gekerbt und mit langen Haaren gefranzt; die obern allmählich schmäler, linealisch. Der Stengel ist spannenlang oder länger, einfach, eckigt, hohl, behaart, und mit Blättern und Blüthen dicht besetzt. Die Blüthen stehen an allen Seiten des Stengels in den Blattwinkeln auf langen, behaarten, beblätterten Stielen, so daß sie fast eine lockere überhängende Traube bilden. Der Kelch ist zottig, mit linealen, spitzigen Zipfeln, die fast die Länge der Blume erreichen. Die Blume ist bauchigt-glockenförmig, überhängend, dunkelblau mit kurzen spitzlichen inwendig mehr oder weniger behaarten Zipfeln. Die Geschlechtstheile sind, wie gewöhnlich in der Blume eingeschlossen. Die rundlichte Fruchtkapsel ist mit dem stehenbleibendem Kelche behaart, dreifächerig und enthält viele kreisrunde Saamen.

Fig. α. Die ganze Pflanze. b. Eine Blüthe. c. Die Fruchtkapsel mit dem stehenbleibenden Kelch. d. Saame.

Hoppe.

V. 1.
d
c
b
a
Campanula alpina Jacq.

Fünfte Classe. Erste Ordnung.

RHAMNUS alpina.

Alpen-Faulbaum.

Mit stachellosen aufrechten sehr ästigen Stämmen, ovalen länglichten glatten knorplich-gekerbten Blättern und zweihäusigen vierspaltigen Blüthen.

Wächst in den untern Regionen der Alpen und besonders häufig am jenseitigen Krainischen Abhange des Loibels und auf dem Monte Nanas in Krain; blühet im Juni.

Ein sehr schöner, aufrechter, ästiger, 6—10 Fuß hoher Strauch, der mit seinen breiten, glänzenden Blättern schon weither das Auge ergötzt. Die Rinde ist glänzendglatt, rothbraun. Die Blätter stehen wechselseitig oder zerstreut auf kurzen, rinnenartigen, gefranzten Stielen, sind schräg-herzförmig, oval-länglicht, mehr oder weniger stumpf-zugespitzt, knorpelartig und ungleich gekerbt, auf beiden Seiten hellgrün, glatt, und mit starken parallelen Adern durchzogen. Die Blüthen stehen am Grunde der heurigen Triebe und in den untersten Blattwinkeln auf kurzen grünlichen Stielen büschelig beisammen und sind ganz getrennten Geschlechts; die männlichen bestehen aus einem grünlichen, vierspaltigen Kelch mit eyförmig-spitzigen, flach ausgebreiteten, zuletzt zurückgeschlagenen Zipfeln, einer vierspaltigen Blume mit sehr kleinen, schmalen, linealen spitzigen, bräunlichten, schuppenartigen Blumenblättern, 4 Staubgefäßen und Ansatz von einem kurzen Griffel mit unvollkommenen Fruchtknoten. Die weiblichen Blüthen gleichen den männlichen und enthalten einen kuglichten Fruchtknoten mit dreispaltigem Griffel und kurzen dicken rundlichten Narben. Die kugelrunde hellgrüne, zuletzt schwarze Beere, ist dreifächrig und dreisamig.

Fig. α. Der blühende Zweig eines männlichen Strauchs. B. Der ungleichgekerbte knorplichte Blätterrand. c. C. Männliche Blüthen. D. Eine dergleichen von der hintern Seite vorgestellt. E. Eine weibliche Blüthe. F. Die Frucht.

Hoppe.

Rhamnus alpina L.

Fünfte Klasse. Erste Ordnung.

CERATOCEPHALUS falcatus. Pers.

Geradhörniger Hornkopf.

Wollig. Mit langgestielten, handförmig unregelmäßig viellappigen Blättern, deren Lappen linienförmig spitzig sind. Der Schaft einblumig, länger als die Blätter, die Hörner der Früchte pfriemförmig, fast gerade.

Auf Aeckern und Schutthaufen, sonnigen Hügeln in Oestreich (Crantz, Jaquin), bei Prag in Böhmen, von mir für die böhmische Flor neu entdeckt. Blüht im März und April; einjährig.

Die Wurzel einjährig, schief, bräunlich, ästig, die Aeste zart, die Wurzelblätter langgestielt, graugrün, handförmig in viele linienförmige, spitzige Lappen getheilt, und rund um den einblüthigen Schaft stehend; die Lappen sind ungleich, ganz oder zwei- bis dreimal gespalten. Der Schaft länger als die Blätter, einblumig, blattlos, mehrere auf einer Wurzel, fadenförmig. Der Kelch aus fünf bleibenden ausgehöhlten elliptischen Blättern bestehend, während dem Blühen aufgerichtet, in der Frucht zurückgeschlagen. Blumenblätter fünf, umgekehrt-eiförmig, gelb, offen, genagelt, am Nagel mit einer Honigschuppe versehen.

Staubgefäße 5—15; die Staubfäden fadenförmig, so wie die länglichen Staubbeutel gelb, das Pistill aus vielen in einem rundlichen Kopf zusammengedrängten Ovarien bestehend; eben so viele dreiseitige spitzige Griffel; die Narbe einfach, spitzig. Der Fruchtboden während dem Blühen kugelförmig, in der Frucht cylindrisch 1/3 bis 1/2 Zoll lang, mit Carpellen dicht besetzt.

Die Carpellen horizontal abstehend, an der Basis beiderseits bauchig, in einen 2 Linien langen pfriemenförmigen, sehr wenig sichelförmig aufwärts gebogenen Schnabel sich verlängernd, auf der Außenfläche wollig, im Innern einen länglichen, vierkantigen, bräunlichen Saamen enthaltend.

Fig. a. a. Die ganze Pflanze. B. Die Blume. C. Einzelnes Blumenblatt. D. Staubgefäße, von den 3 Seitenansichten. E. Ein Carpelle von oben. F. Von unten. G. Von der Seite und der Durchschnitt davon.

Fieber.

V. 6.

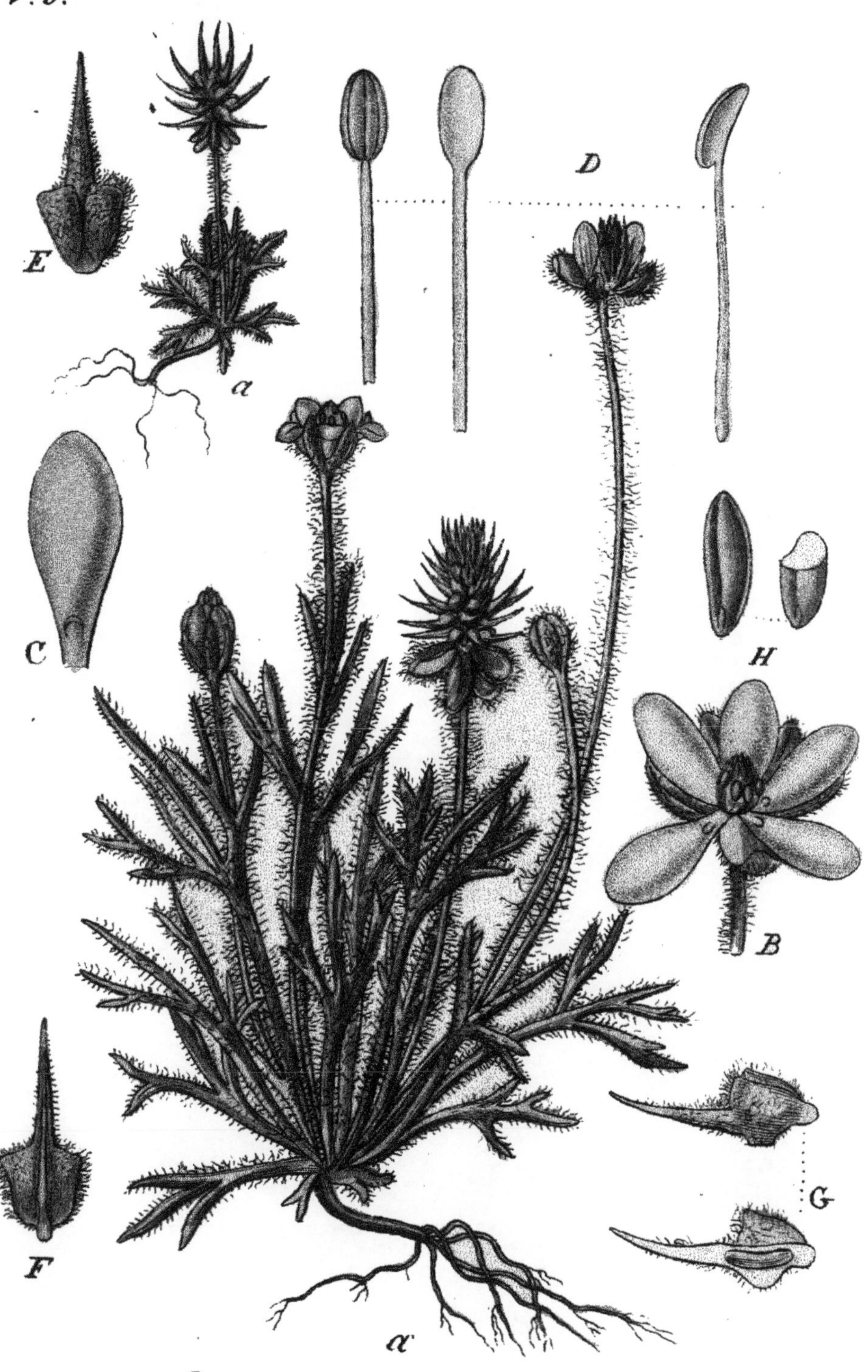

Ceratocephalus falcatus Pers.

Fieber pinx.

Fünfte Classe. Zweite Ordnung.

GENTIANA pannonica. Scop.

Oestreichischer Enzian.

Mit fast fünfnervigen, in den Blattstiel ausgehenden, glatten elliptischen Wurzelblättern, gegenüberstehenden fast stiellosen dreinervigen Stengelblättern, in Quirln stehenden Blüthen, sechsspaltigen punctirten glockigen Blumen, verlängerten röhrichten bis zu ein Drittheil sechsspaltigen Kelchen mit ungleichen lanzettlichen gespitzten zurückgekrümmten Zipfeln.

Wächst sehr häufig auf dem Untersberge bei Salzburg und blühet im August.

Die Wurzel ist einfach, dick, walzlich, gelbbräunlich, und wie alle Enzianen von bittern Geschmack. Die Wurzelblätter stehen regelmäßig zu vier beisammen, von denen die beiden äussern oval und fünfnervig, die zwei innern lanzettlich und dreinervig, alle aber glatt und ganzrandig sind und allmählich in den Blattstiel ausgehen. Die Stengelblätter stehen gegenüber, sind länglicht-elliptisch, spizig: die untern kurz gestielt, die obern stiellos. Die Stengel stehen aufrecht, sind stielrund, glatt, 1—2 Schuh hoch, und ganz einfach. Die Blüthen stehen in Quirln, die obern kopfförmig beisammen und sind mit blattartigen Hüllblättchen gestützt. Der Kelch ist glockig, fast faltig, so lang als die Blumenröhre, bis auf ein Drittheil sechsspaltig mit zurückgeschlagenen lanzettlichen spitzigen Zipfeln, von denen zwei etwas breiter sind als die übrigen: der Ausschnitt zwischen den Zipfeln gestützt. Die Blume ist glockig, dunkel purpurroth, mit einer ins gelbliche ziehende Röhre, durchaus mit gesättigten Puncten geziert, gewöhnlich sechsspaltig mit zugerundeten Zipfeln, die so lang sind als die Röhre. Die Geschlechtstheile sind kürzer als die Blume, die Staubbeutel zusammenhängend, länglicht, gelb, kürzer als die beiden spitzigen Narben. Die Kapsel länglich, bauchig, an beiden Enden verschmälert. Die Saamen elliptisch mit kreisrunden geflügelten Rande.

Die Wurzel dieser Pflanze wird im salzburgischen Gebirge vielfältig gegraben und in Apotheken als Enzianwurzel verbraucht, auch zur Bereitung des Enzianbranntweins angewandt.

Fig. α. Eine kleinere Pflanze, an welcher nur die obern kopfförmigen Blüthen vorhanden sind. β. Eine Blume von der vordern und c. hintern Seite mit den zurückgeschlagenen Kelchzipfeln. d. Ein Abschnitt eines Zipfels der Blume mit der erweiterten Röhre. e. Der Kelch. f. Kapsel. g. G. Saame.

Hoppe.

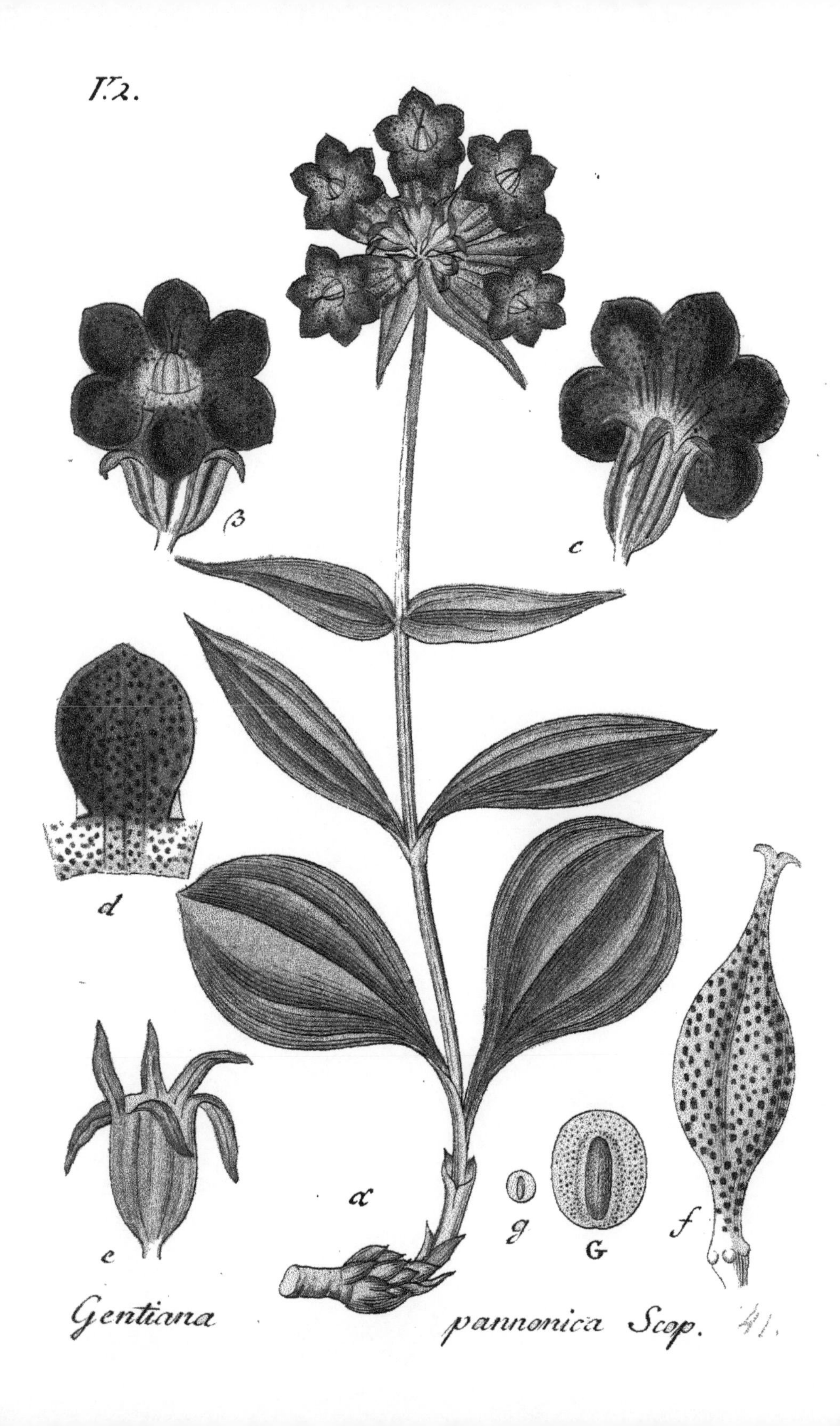

V.2.
β
c
d
e
α
g
G
f
Gentiana
pannonica Scop.
41.

Fünfte Classe. Zweite Ordnung.

GENTIANA punctata. L.

Punctirter Enzian.

Mit fünfnervigen, in den Blattstiel ausgehenden, glatten, eyförmig-lanzettlichen Wurzelblättern, gegenüberstehenden fast umfassenden fünfnervigen Stengelblättern, in Quirle stehenden Blüthen, fünf- bis sechsspaltigen punctirten glockigen Blumen, verkürzten becken förmigen halbfünfzähnigen Kelche, mit gleichförmigen eylanzettlichen stumpflichen aufrechten Zähnen.

Wächst auf den Alpen von Salzburg, Kärnthen und Tyrol, und blühet im Juli und August.

Die Wurzel ist lang, dick, einfach, oder mit einzelnen Aesten besetzt, schiefaufsteigend, gelblicht. Die Wurzelblätter stehen regelmässig zu vier beisammen, sind glatt, ganzrandig in den Blattstiel ausgehend, fünfnervig, spizig: die äußern eyförmig, die innern lanzettlich. Die Stengelblätter stehen gegenüber; sind eyförmig, spitzig, die untern stiellos, die obern umfassend. Die Stengel stehen aufrecht, sind stielrund, glatt, 1—2 Schuh hoch, und ganz einfach. Die Blüthen stehen in den obern Blattwinkeln paarweise gegenüber; an der Spitze des Stengels kopfförmig, mit blattartigen Hüllblättchen gestützt. Der Kelch ist viel kürzer als die Blume, beckenförmig-glockig, halbfünfzähnig, mit aufrechten ey-lanzettlichen stumpflichen Zähnen. Die Blume ist 5—6 spaltig, glockig, strohgelb, mit zahlreichen schwärzlichen Puncten geziert: die Zipfeln sind kaum ein Viertheil so lang als die Röhre, zugerundet, mit einer kurzen Spitze und zuweilen gekerbten Rande. Die Geschlechtstheile sind kürzer als die Blume, mit länglichen zusammengeneigten Beuteln und zween rundlichten zurückgekrümmten Narben. Die Kapsel länglich, einfächerig, zweiklappig, mit vielen rundlichten Saamen. Diese Art kommt fast ganz mit G. pannonica überein, ist aber durch die gelben Blumen und den kurzen Kelch augenblicklich zu unterscheiden. Die Wurzel wird eben so wie die von G. pannonica zum officinellen und ökonomischen Gebrauch verwendet.

Fig. a. Die ganze Pflanze. b. Eine Blume. c. Der Kelch.

Hoppe.

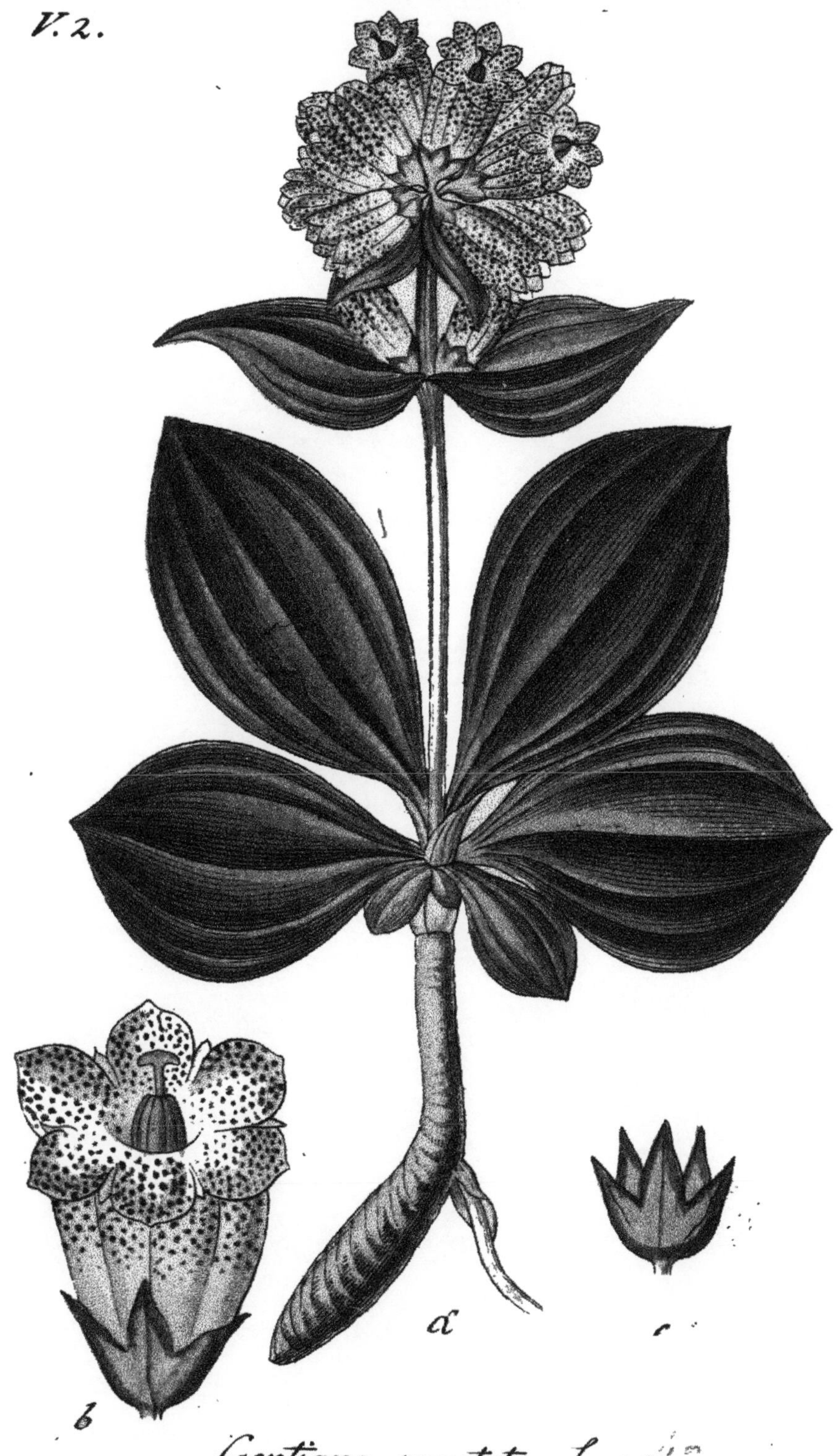

Gentiana punctata L.

GENTIANA asclepiadea. L.

Schwalbenwurzartiger Enzian.

Mit gegenüberstehenden stiellosen, eylanzettlichen langgespitzten, glatten fünfnervigen ganzrandigen Blättern, entgegenstehenden stiellosen glockenförmigen Blumen, röhrichten fünfzähnigen Kelchen und kurzen linealen Zähnen.

Wächst am Fuße der Alpen, besonders häufig in der untern Waldregion des Untersberges und blühet im August und September.

Die Wurzel ist gegliedert, treibt viele gelblichte Fasern und Stengeln. Die Stengel sind aufrecht oder niedergebogen, ganz einfach, stielrund, glatt, weißgelblich, 1—2 Schuh lang und dicht mit Blättern besetzt. Die Blätter stehen gegenüber kreuzweise oder auch in einer Reihe, sind stiellos und fast umfassend, aus einer eyförmigen Basis ins lanzettliche langzugespitzte übergehend, glatt, ganzrandig, den Blättern von Asclepias Vincetoxicum gleichend. Von der Mitte des Stengels an bis zur Spitze ist derselbe mit Blüthen besetzt, die stiellos und paarweise in den Blattwinkeln stehen. Der Kelch ist röhricht, abgestutzt, fünfzähnig: die Zähne kurz, linealisch. Die Blumen groß, fast über 1 Zoll lang, hell=

blau, glockig, mit bauchichter Röhre, fünfspaltig, mit eyförmig-zugespitzten gekerbten Zipfeln, mit zwischenstehenden kurzen gespitzten Zähnen. Die Spitze des Stengels schließt mit einer einzigen Blüthe, an welcher die Kelchzähne viermal so lang sind als bei den übrigen. Die Geschlechtstheile sind kürzer als die Blume, und nur der Griffel ragt mit seinen beiden unscheinbaren Narben bis an die Einschnitte derselben hervor. Die Staubfäden sind sehr lang, abgesondert, erweitert, weißhäutig. Die Staubbeutel weiß, an der Spitze der Fäden röhrenartig zusammengewachsen. Die Kapsel länglich, an beiden Enden verschmälert. Die Samen eyförmig flach, mit kreisrunden häutigen Rand umgeben.

Fig. α. Die ganze Pflanze. b. Eine Blüthe.
c. Der Kelch.

Hoppe.

V.2.

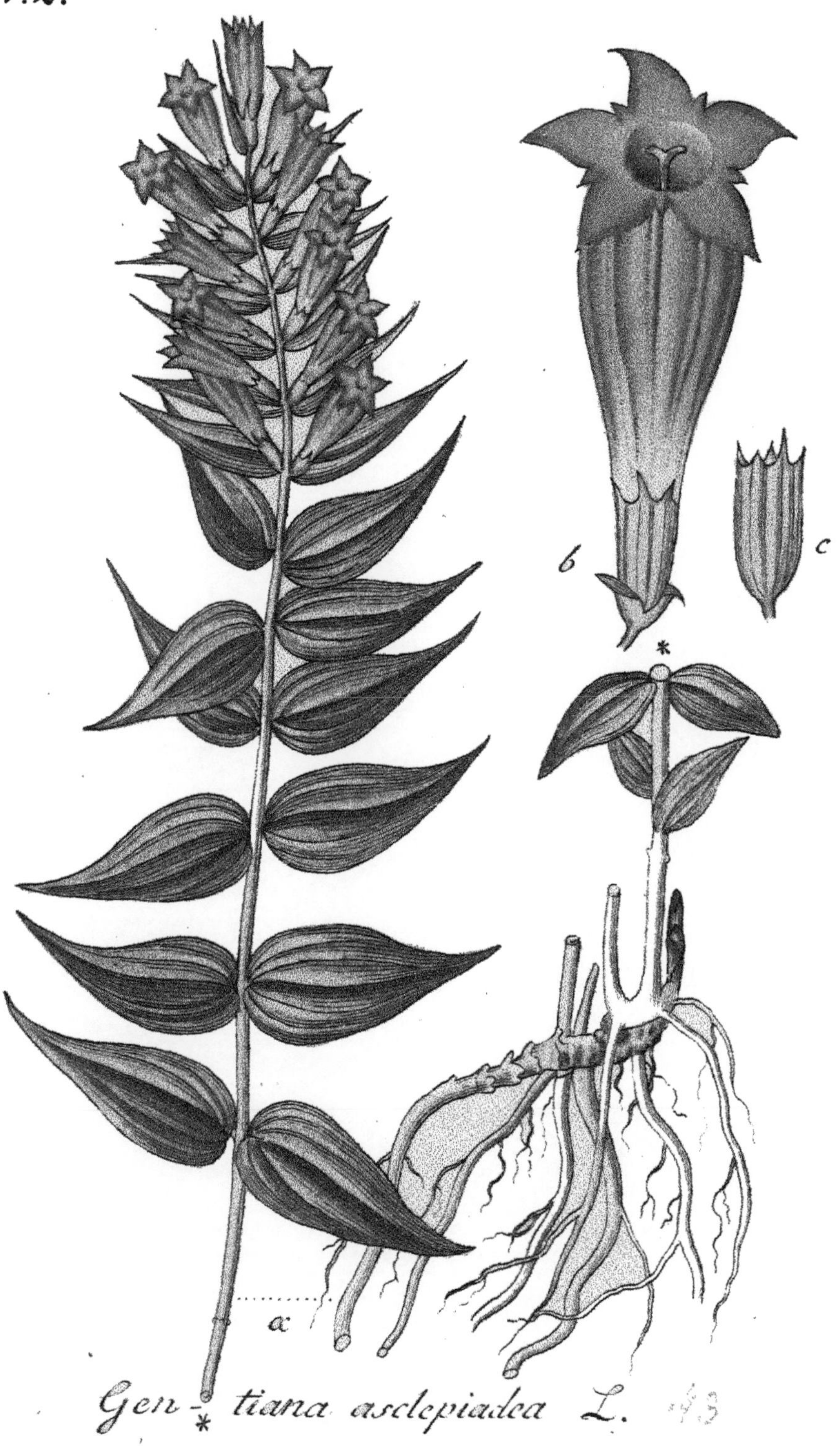

Gentiana asclepiadea L.

Fünfte Classe. Zweite Ordnung.

GENTIANA frigida. Haenkii.

Frost-Enzian.

Mit linealen-lanzettlichen, stumpflichen Blättern, von denen die Wurzelblätter in einen verschmälerten Blattstiel ausgehen, die Stengelblätter aber stiellos und die obern umfassend sind, aufrechten einfachen zweiblüthigen Stengeln, linealischen Kelchzipfeln und glockigen fünfspaltigen bartlosen durchscheinenden und punctirten Blumen.

Wächst auf dem Sekauer Gebirge in Obersteiermark und blühet im Julius.

Die Wurzel besteht aus verlängerten gelblichen Fasern. Die zur Blüthezeit gewöhnlich schon verwelkten Wurzelblätter stehen in der Runde ausgebreitet, sind linealisch, stumpflich und laufen in einen kurzen Blattstiel aus. Die entgegenstehenden Stengelblätter sind linealisch-lanzettlich, stumpflich und am Grunde in eine weißlichhäutige Scheide zusammengewachsen. Der Stengel ist zwei Zoll lang, aufrecht, einfach, eckigt, mit 3—4 Blätterpaaren besetzt, von denen die obern beiden zusammenfließen und die Blüthen fast hüllenartig umgeben. Die Blüthen stehen paarweise, selten einzeln, oder zu 3—4 stiellos an der Spitze des Stengels. Der Kelch ist röhrig-glockig, eckigt, kaum halb so lang als die Blume, halb fünfspaltig mit linealischen spitzigen gleichförmigen Zipfeln. Die Blume fast zollang, glokkig, bauchig, am Grunde etwas zusammengezogen, häutig, fast durchsichtig, weißlicht, mit blaulichen Puncten und Strichen geziert, mit gefalteten fünfspaltigen bartlosen Saume und kurzen fast dreieckigen stumpflichen Zipfeln, zwischen welchen kürzere stumpfliche Zähne stehen. Die in der Blume eingeschlossenen Geschlechtstheile bestehen aus pfriemlichen blaßblauen Staubfäden und gelblichen linealischen abgesonderten Staubbeuteln. Der Fruchtknoten ist länglich, kurzgestielt, die rundlichten Narben zurückgeschlagen. Die Kapsel eyförmig-länglich und enthält braune eckige gefurchte Saamen.

Diese Art gehört zu den seltenern Gewächsen. Der angeführte Standort ist der einzige, wo sie bisher gefunden worden.

Unsere Abbildung stellt die Pflanze in natürlicher Größe dar.

Hoppe.

V. 2.

Gentiana frigida Haenke.

Fünfte Classe. Zweite Ordnung.

GENTIANA angustifolia. Villars.

Schmalblättriger Enzian.

Mit lanzettlichen stumpflichen schwach-dreinervigen im erweiterten Blattstiel auslaufenden Blättern, aufsteigenden einblüthigen Stengeln, lanzettlich-pfriemlichen Kelchzähnen, und glockenförmiger gefalteter fünfspaltiger bartloser einfärbiger Blume, ovalen stachelspitzigen Zipfeln und dazwischen gestellten spitzigen Zähnen.

Wächst auf den Krainischen Kalkalpen an sonnenreichen felsichten Plätzen und blühet im Juli.

Die Wurzel ist spindelförmig, braun mit gelblichen Fasern, weitschweifig und vielkopfig, und treibt viele Aeste mit Blätter- und Stengelbüscheln. Die Wurzelblätter sind in der Runde ausgebreitet, lanzettlich, stumpflich, glatt, schwach dreinervig, am Grunde in einen erweiterten scheidenartigen häutigen Blattstiel ausgehend, und mit einem schimmernden weißhäutigen Rande begabt. Die Stengelblätter stehen gegenüber, von denen das unterste Paar aus zwei sehr schmalen linealen, das obere aus vier breitern lanzettlichen Blättchen besteht, die hüllenartig den Kelch umgeben. Die Stengel welche aus den meisten Wurzelästen paarweise entspringen, sind fast viereckigt, zolllang, aufsteigend, einblüthig. Der Kelch ist röhrigt-glockig, abgestutzt, fünfzähnig mit gleichförmigen lanzettlich pfriemlichen gekrümmten Zähnen. Die Blumen sind dreimal länger als der Kelch, glockenförmig, mit verschmälerter Röhre und erweiteter faltiger Mündung, dunkelblau. Die Zipfel rundlicht stumpflich, und wie die Falten stachelspitzig. Die Geschlechtstheile sind in der Blumenröhre verborgen: die Staubfäden getrennt, weiß: die Beutel dreimal kürzer als die Fäden länglich, goldgelb, in eine Röhre zusammengewachsen. Der Fruchtknoten ist länglicht-lanzettlich, allmählich in den Griffel ausgehend: die Narbe ausgerandet mit runzlichten warzichten Lappen.

Diese Art wurde schon im Jahr 1804 von Herrn Präfect Hladnick und Prof. Bernhardi in den Krainergebirgen gefunden, auch von Wulfen und Host als eigene Art anerkannt; letzterer wird sie in der Flora austriaca nachtragen. Auch gab sie Jan in seinen Catalogen als G. Fröhlichii. Sie ist eben so gewiß eine eigene Art als G. alpina Vill. die nun schon als solche von Römer und Schultes, von Gaudin und Presl (G. excisa) anerkannt worden ist, und die wir nächstens nachtragen werden.

Fig. a Die ganze Pflanze. b. Ein Wurzelblatt. c. Der Kelch. D. Die Geschlechtstheile.

Hoppe.

Gentiana angustifolia Villars.

Fünfte Classe. Zweite Ordnung.

GENTIANA aestiva. R. et Schultes.

Sommer-Enzian.

Mit eyförmig-lanzettlichen spitzigen, dreinervigen Blättern, von denen die Wurzelblätter gehäuft und größer die Stengelblätter fast umfassend sind; einblüthigen Stengeln, bauchigen eckigt-gefaltenen, Kelchen, trichterförmigen Blumen, eyförmigen spitzigen sägezähnigen Zipfeln, mit dazwischen gestellten zweispaltigen zweifärbigen Anhängseln und pinselartig gefranzten Becherförmigen Narben.

Wächst in Alpengegenden von Salzburg, Kärnthen und Krain; besonders häufig auf steinigten Wiesen des gespaltenen Berges bei Triest, und blühet im Mai.

Die Wurzel besteht aus vielen dicklichen gelblichen Fasern, ist vielkopfig und treibt dichte Rasen von Blättern und Stengeln. Die Wurzelblätter sind in der Runde ausgebreitet, stiellos, glatt, dreinervig und gehen aus einer breiten eyförmigen Basis ins Lanzettliche mit langverschmälerter stumpflicher Spitze über. Die Stengelblätter stehen in einem bis zwei Paaren umfassend, und sind spitzig. Die Stengel, deren oft an 20 aus einer Wurzel erscheinen, sind höchstens fingerlang, aufrecht, glatt, kantig und einblüthig. Der Kelch ist fast so lang als die Blumenröhre, länglicht, bauchigt, fünfeckig mit fast geflügelten Ecken, zuweilen gefärbt, am Grunde mit den obersten verschmälerten Stengelblättern hüllenartig umgeben, an der Mündung fünfspaltig, mit lanzettlichen spitzigen Zähnen. Die Blume ist größer als bei G. verna, trichterförmig, fünfspaltig, mit dunkelblauen, eyförmigen, spitzigen, sägezähnigen Zipfeln, die am Grunde zu beiden Seiten mit einem zweispaltigen weißgefleckten Anhängsel geziert sind. Die in der Blumenröhre angewachsenen Staubfäden, sind lang, geschlängelt, gesondert, gelblichweiß, mit fünf länglichten gelben zusammengewachsenen Staubbeuteln. Der Fruchtknoten ist länglicht mit verlängerten Griffel, der in eine becherartige gefranzte Narbe ausgeht und bis zur Mündung der Blume hervorragt.

Diese Pflanze wurde zuerst von Schmidt in Römers Archiv I. p. 16. Tab. IV. f. 8. unter dem Namen Hippion aestivum beschrieben und abgebildet; auch Scopolis G. verna gehört hieher.

Fig. α. Die ganze Pflanze vom monte spaceato bei Triest. b. Ein Blumenzipfel. c. Der Kelch. d. Der Fruchtknoten mit Griffel und Narbe.

Hoppe.

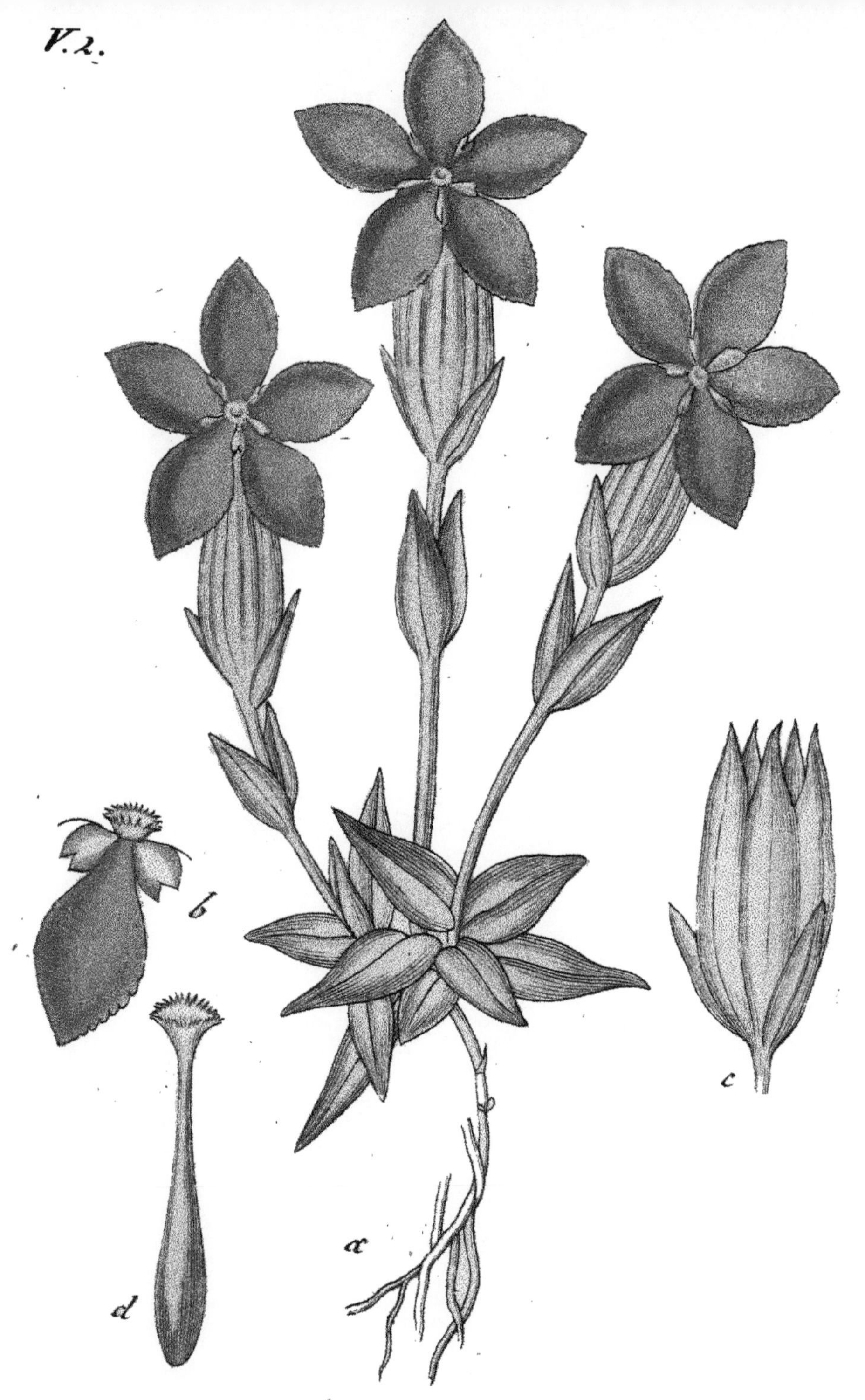

Gentiana aestiva R. et Sch.

GENTIANA brachyphylla. Vill.

Kurzblättriger Enzian.

Mit stiellosen eyförmig-rundlichten stumpflichen rosettenartig ausgebreiteten gedrängtstehenden Wurzelblättern, sehr kurzen einblütigen Stengeln, röhrichten verengerten Kelchen, trichterförmigen Blumen mit verlängerter Röhre, ovalen stumpflichen fast feingezähnelten mit stumpflichen einfärbigen ungespaltenen Anhängseln, gezierten Zipfeln und scheibenförmigen ganzrandigen Narben.

Wächst auf den höchsten Alpen von Oberkärnthen; auf der Pasterze und in der Fleuß, und blühet im August.

Die dünne fadenförmige gelbliche Wurzel ist höchst einfach und nur selten in einige Fasern getheilt. Die Wurzelblätter sind in der Runde herum ausgebreitet, stiellos, glatt, dreinervig, eyförmig-rundlich, stumpflich. Der Stengel ist sehr kurz, oft fehlend, am Grunde nur mit einem einzigen Blätterpaare besetzt, und einblüthig. Der Kelch ist kaum halb so lang als die Blumenröhre, sehr verengert, röhrig, mit gefärbten Ecken und lanzettlichen spitzigen Zähnen. Die Blume ist trichterförmig, kleiner als bei G. verna, fünfspaltig, mit himmelblauen ovalen stumpflichen fast gezähnelten Zipfeln, die am Grunde mit stumpfli- chen ungespaltenen blauen Ansätzen geziert sind. Die in der Blumenröhre angewachsenen Staub- fäden sind pfriemlich, kurz, mit eyförmig gel- ben abgesonderten Beuteln. Der bis zu den Staubbeuteln hinaufreichende länglichte Grif- fel ist mit einer scheibenförmigen ganzrandigen Narbe gekrönt.

Diese Art wird hin und wieder in den bo- tanischen Schriften mit G. verna und imbri- cata verwechselt. Wie sehr sie davon ver- schieden sey, wird die Vergleichung derselben mit unsern Abbildungen im 40sten und 41sten Hefte bezeugen.

Fig. a. Die ganze Pflanze mit der Blüthe von vorne, b. die Blüthe von hinten. C. Ein Blumenzipfel. D. Der Kelch. E. Ein Wurzelblatt. F. Der Fruchtknoten mit Griffel und Narbe.

Hoppe.

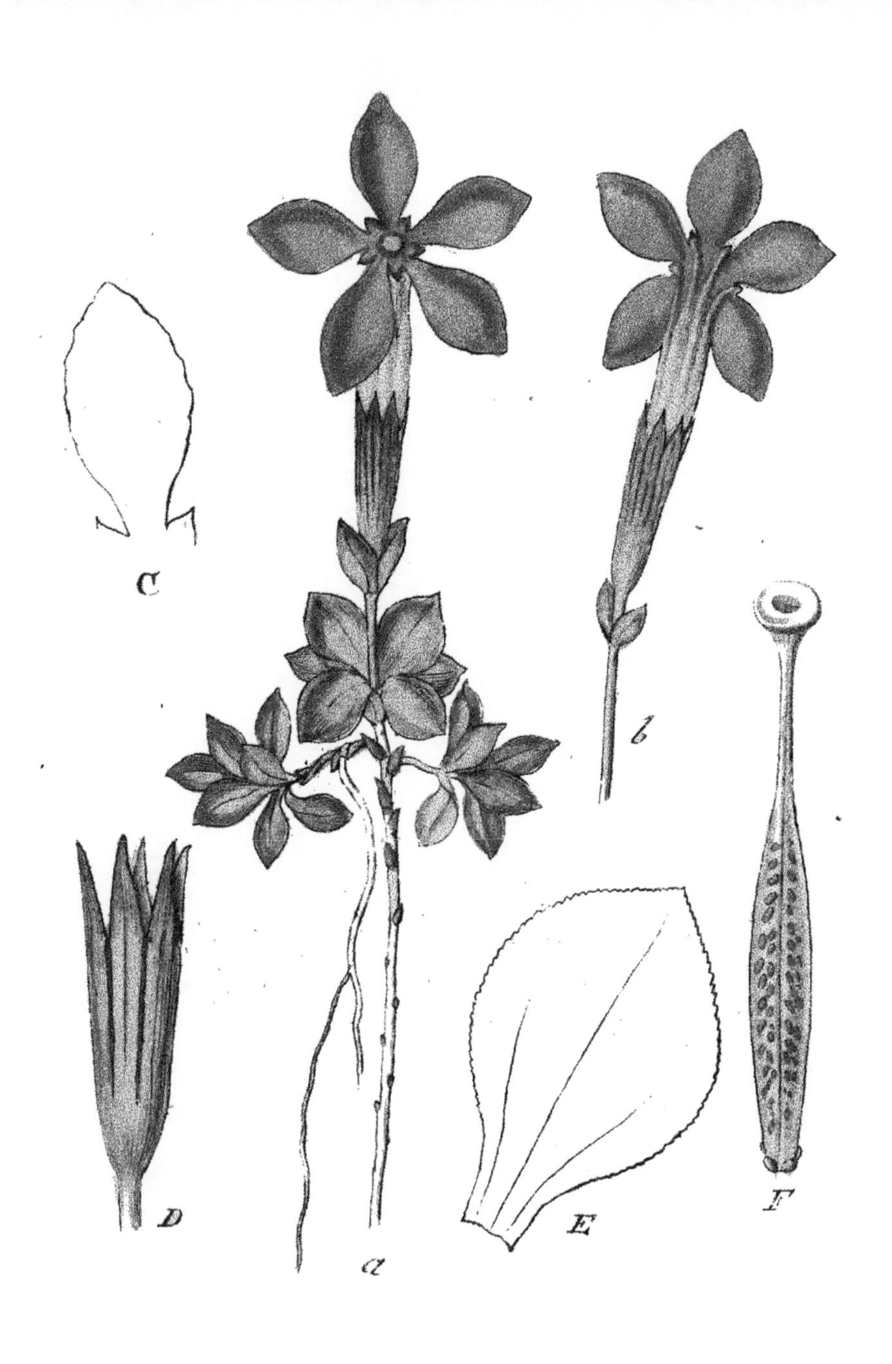

Gentiana brachyphylla Vill.

GENTIANA obtusifolia. Willd.

Stumpfblättriger Enzian.

Mit lanzettlichen stumpflichen in kurze Blattstiele auslaufenden Wurzelblättern, eyförmig-lanzettlich verschmälerten verbundenen Stengelblättern, fast einfachen Stengeln, bauchichten bis zur Mitte fünfspaltigen Kelchen, deren Zipfel lanzettlich sind, präsentirtellerförmigen Blumen, eyförmig-spitzigen Blumenzipfeln und hervorragenden Staubbeuteln.

Wächst auf den höchsten Alpen von Salzburg und Kärnthen; häufig auf der Pasterze bei Heiligenblut, und blühet im August.

Die fast holzichte fadenförmige Wurzel ist gelblich und treibt einzelne Fasern. Die Wurzelblätter sind in der Runde ausgebreitet; die untern fast verkehrteyförmig, die übrigen lanzettlich, stumpflich, glatt, ganzrandig und dreinervig. Die paarweise gegenüber stehenden Stengelblätter, sind halbumfassend, eyförmig-lanzettlich stumpflich. Der Stengel ist spannenlang, eckigt, glatt, fast ästig. Die Blüthenstiele entspringen aus den obersten Blattwinkeln und sind ein- oder höchstens zweiblüthig. Der Kelch ist glockig, halb fünfspaltig, am Grunde verschmälert, dann bauchigt, eckigt, mit lanzettlich-linealen Zipfeln. Die Blume ist präsentirtellerförmig, fünfspaltig, mit gebarteten hellblauen am Grunde gelblichen eyförmigen spitzigen Zipfeln. Die Staubbeutel sind gesondert, goldgelb, und ragen aus der Blumenröhre hervor.

Unsre Abbildung kommt genau mit derjenigen überein die der erste Entdecker Schmidt in Römers Archiv I. Tab. II. Fig. 3. gegeben hat, nur daß an derselben die Kelchzipfel blattartig erscheinen, die bei diesen Pflanzen veränderlich sind.

Fig. *a*. Die ganze Pflanze. b. Ein Blumenzipfel mit dem Barte. c. Der Kelch.

Hoppe.

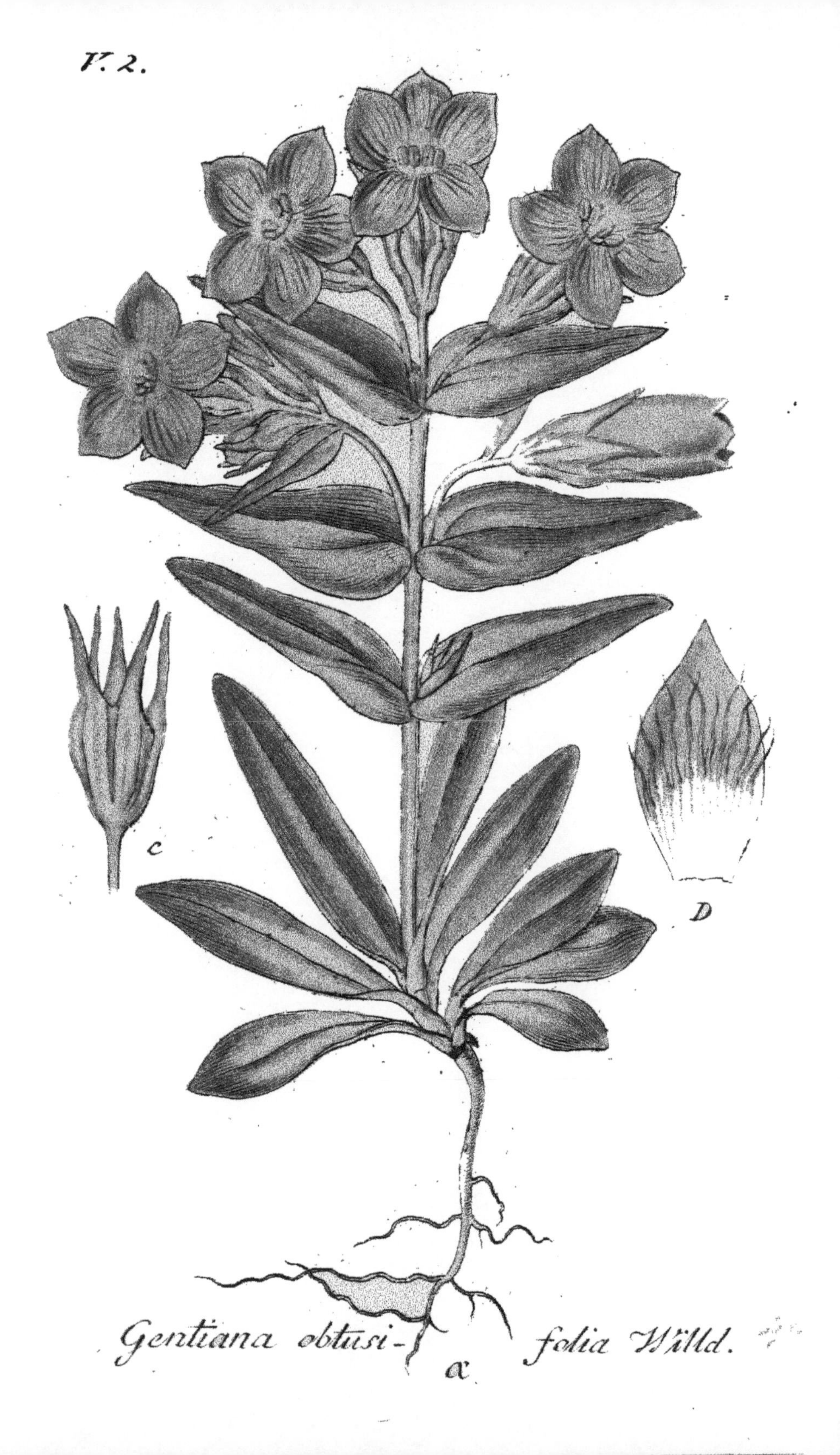

Gentiana obtusi- folia Willd.

Fünfte Classe. Erste Ordnung.

GENTIANA pyramidalis. Nees.

Pyramidenförmiger Enzian.

Mit eyförmigen gehäuften Wurzelblättern, lanzettlichen stumpflichen, fast verbundenen Stengelblättern, vom Grunde aus ästigen Stengeln, und über die Mitte gespaltenen Kelche, dessen Zipfel gleichlang, lanzettlich-linealisch sind, präsentirtellerförmige Blume mit ovalen Zipfeln und zuletzt hervorragenden Staubwegen.

Wächst in den Thälern der Alpen von Salzburg und Kärnthen und blühet im Juli.

Die Wurzel ist in kurze gelbliche Fasern getheilt. Die Wurzelblätter sind in der Runde ausgebreitet, eyförmig, glatt, ganzrandig. Die Stengelblätter gegenüber stehend, am Grunde halb umfassend, lanzettlich, stumpflich. Die Stengel von Grunde aus ästig, eckigt, glatt; die Aeste einblüthig. Der Kelch ist glockig-röhricht, hellgrün mit blaulichen Ecken, halb fünfspaltig mit lanzettlich linealischen gleichlangen Zipfeln. Die Blume präsentirtellerförmig, noch einmal so lang als der Kelch, fünfspaltig mit gebarteten ovalen hellblauen Zipfeln und hervorragenden Staubwegen. Die Staubgefäße sind unverwachsen; die Fäden weißlich, erweitert; die Beutel gelb, nach dem Verstauben blau, halb so lang als der Griffel. Der Griffel länglich und mit der ausgerandeten Narbe bis zur Blumenröhre hervorragend.

Fig. *a*. Die ganze Pflanze. b. Eine Blüthe von vornen. C. Ein Blumenzipfel mit dem Barte. d. Der Kelch.

Hoppe.

Gentiana pyrami- dalis Nees.

Fünfte Classe. Zweite Ordnung.

GENTIANA glacialis. Villars.

Gletscher Enzian.

Mit länglicht-ovalen fast spatheligen gehäuften Wurzelblättern, am Grunde ästigen beblätterten viereckigten einblüthigen Stengeln, viertheiligen schlaffen Kelche mit blattartigen eylanzettlichen ungleichen Zipfeln und vierspaltiger gebarteter präsentirtellerförmiger Blume.

Wächst auf den Alpen von Salzburg, Kärnthen und Tyrol in den Gletschergegenden auf grasichten, sonnigten Plätzen, und blühet im Juli und August.

Die Wurzel ist sehr zart und besteht aus einzelnen gelblichen Fasern. Aus derselben entspringen öfters ganz einfache aufrechte, gewöhnlich aber mehrere aufsteigende, am Grunde ästige, höchstens 2 Zoll lange, viereckigte, glatte, unten beblätterte Stengel. Die Blätter sind eyförmig-länglich, ganzrandig, stiellos; die Wurzelblätter in einen kurzen Blattstiele erweitert und dann fast spathelig. Die Blüthen stehen einzeln an der Spitze der Stengel und ihren Aesten und sind die erstern gewöhnlich größer als die letztern. Der Kelch ist so lang als die Blumenröhre, viertheilig mit blattartigen schlaffen Zipfeln, die aus einer breiten eyförmigen Basis allmählig spitzig zulaufen und von denen zwei entgegengesetzte kaum halb so breit sind als die übrigen. Die Blume ist röhrig-glockig oder präsentirtellerförmig, kaum bis zur Hälfte vierspaltig, so daß die Einschnitte nur die Spitze des Kelchs erreichen. Die Lappen oder Zipfeln sind oval, dunkelblau mit gebarteten Schlunde und bauchiger Röhre. Die Geschlechtstheile sind in der Blumenröhre eingeschlossen; die Staubgefäße gleich lang freistehend. Die Narben zurückgebogen; die Fruchtkapsel länglich, doppelt so lang als der bleibende Kelch.

Diese Pflanze gehört mit Gentiana nivalis nana, prostrata und carinthiaca zu den kleinsten Arten der Gattung; zuweilen findet man sie an den Gletschern der Pasterze an einerlei Stelle beisammen.

Fig. a. Die ganze Pflanze. B. Die Blume.

Hoppe.

V. 2.

Gentiana glacialis Vill.

ARMERIA alpina.

Alpen-Nelkengras.

Mit linealischen oder lineal-lanzettlichen spitzigen kahlen gegen die Basis verschmälerten Blättern, stumpfen Hüllblättchen, von denen die äußern durch den auslaufenden Nerven gespitzt, die innern unbewehrt sind, mit Blüthenstielchen welche um die Hälfte kürzer sind als die haariggestreifte Kelchröhre, und mit ausgerandeten Blumenblättern.

Wächst auf Alpenwiesen von Salzburg, Kärnthen und Tyrol; auf der Pasterze bei Heiligenblut, und auf dem Windsfelde am Rastadtertauern, wo sie Windsfelder Röschen genannt werden, und blühet im Julius.

Die braune, spindelige Wurzel theilt sich in mehrere Köpfe mit Blätterbüscheln und Blüthenschäften, so daß oft ganze Rasen mit 10—12 Blüthenköpfchen erscheinen und sich auf beblümten Wiesen als wahre Zierpflanzen darstellen, die auch in Gärten verpflanzt, sehr gut gedeihen. Die zahlreichen Wurzelblätter sind fast linealisch, gegen den Grund oder nach beiden Enden verschmälert, ganz kahl, flach, fast dreinervig, grasgrün, mit einem sehr feinen knorpelartigen fast weißlichen Rande, und einer etwas verbreiterten, rosenfarbigen Basis. Der Schaft ist gewöhnlich eine

Spanne oder 3/4 Fuß lang, ganz kahl und stielrund. Die unter der Blüthe von den Fortsätzen der Hüllblättchen sich bildende Scheide schließt den obern Theil des Schaftes röhrenförmig ein, ist 1/2 Zoll lang, weißhäutig, und am untern Ende gespalten. Die Blüthe stellt ein halbkugelförmiges Köpfchen dar, das zu unterst mit ganz trockenen, häutigen, braungelblichten, kurzen eyförmig-stumpfen, ziegeldachartigen Hüllblättchen, an der Spitze aber mit zahlreichen Blüthen besetzt ist, die je zu 2 beisammen stehen und mit häutigen Deckblättchen gestützt sind. Der Kelch ist häutig, röhricht; die Röhre ist mit 10 grünlichten Nerven gestreift und geht in einen häutigen, silberfarbenen, trichterförmigen, fünffaltigen Saum über, der mit 5 vorspringenden, grannenartigen Spitzen geziert ist. Die Samen reifen in dem stehenbleibenden häutigen Kelche, sind klein, bräunlicht und rundlicht.

Fig. *α*. Die ganze Pflanze. b. Ein abgesonderter Blüthenkopf von der hintern Seite mit dem Hüllblättchen und der Scheide. c. Die Blüthe. d. Der Kelch. E. Ein Blumenblatt mit dem anhängenden Staubgefäß. f. Der Fruchtknoten mit den 5 Griffeln. G. Derselbe vergrössert. H. Der vergrösserte Kelch, mit eingeschlossenem Saamen.

Hoppe.

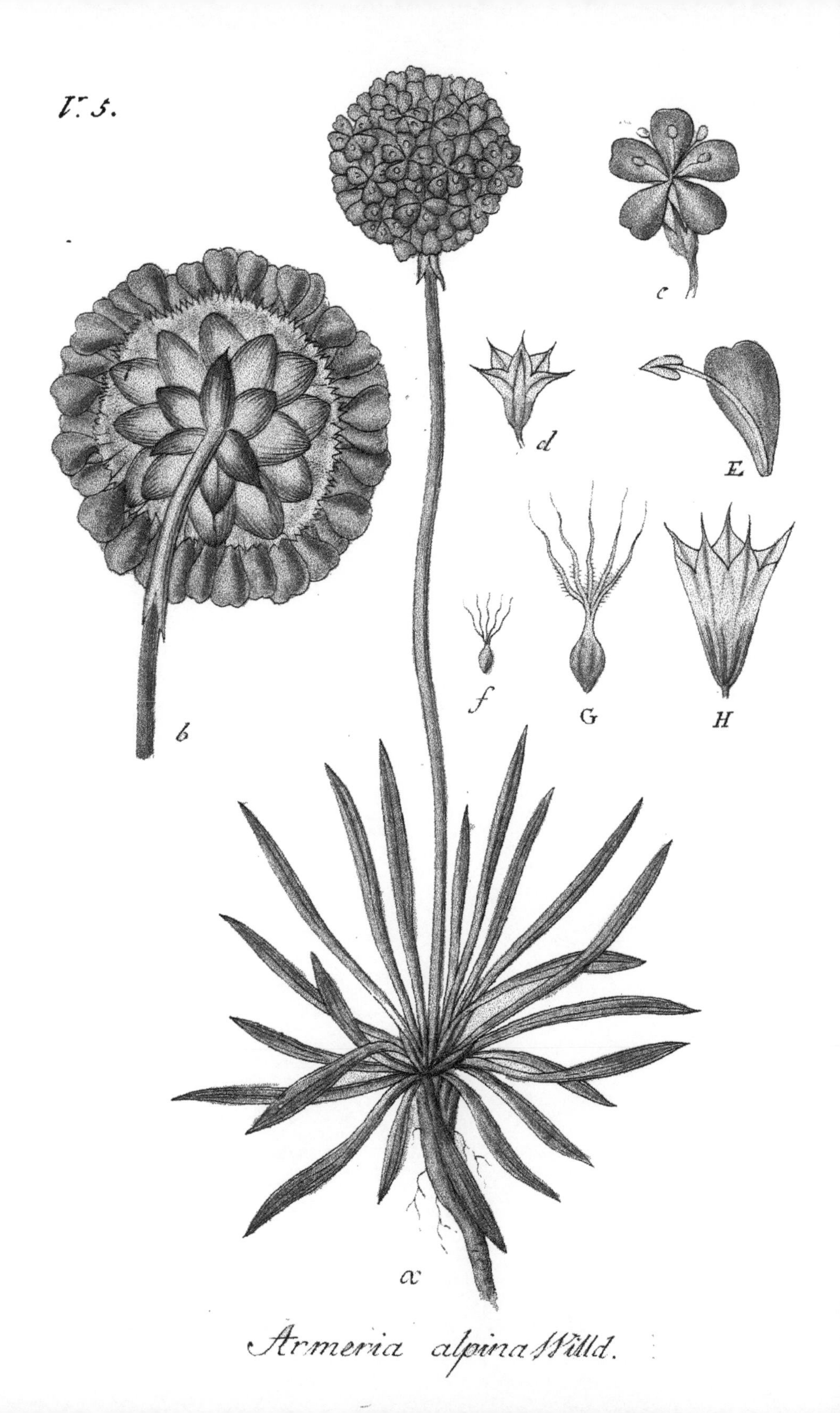

Armeria alpina Willd.

ANTHERICUM ramosum. Lin.

Aestige Zaunblume.

Mit aufrechten, gegen die Spitze überhängenden linealischen flachen Blättern, die kürzer sind, als der ästige Schaft, flachen Blumen, geradem Griffel und einer kugelig-dreieckigen Kapsel.

In Hainen, bergigen Gegenden, steinigen Orten und lichten Wäldern nicht sehr gemein; blüht im Juli und August; perennirt.

Der Wurzelstock rundlich, aus demselben die langen cylindrischen, am Ende wenig verdickten Wurzeln büschelförmig hervorsprossend, durch den untersten Theil der abgestorbenen Blätter mit fast netzförmigen Hüllen versehen. Die Blätter ganz glatt, flach, linealisch zugespitzt, ohne Rinne, 1/2 bis 1 Fuß lang, 1 1/2 bis 3 Linien breit, etwas über der Mitte ihrer Länge übergebogen und schwach bereift. Der Schaft höher als die Blätter, 1—3 Fuß hoch, blattlos, glatt, unten walzenförmig, oben eckig, an der Spitze in eine ausgebreitete Blumenrispe getheilt. Deckblätter an der Basis der Aeste der Rispe und der Blumenstielchen angeheftet, linienförmig, spitzig, fast häutig; die ersteren 1—1 1/2 Zoll lang, die an den Blumenstielchen sehr kurz. Die Blumen mittelmäßig groß, weiß, sechstheilig, die 3 innern Blumenblätter elliptisch-lanzettförmig, doppelt so breit, als die 3 äußern außen grünlichen. Die Staubgefäße fast so lang, als die Blumenkrone, 3 kürzer als die andern. Der Fruchtknoten dreieckig-rundlich; der Griffel gerade, am Ende wenig gekrümmt, aber nicht zur Seite niedergelegt, etwas länger als die Staubgefäße. Die Narbe dreieckig, mit kurzen drüsigen Härchen besetzt. Die Kapsel kugelig, dreieckig, dreifächrig, dreiklappig, vielsaamig; die Klappen zugespitzt, in der Mitte rinnenartig eingedrückt, Saamen schwarz, dreieckig.

Von dem verwandten A. Liliago unterscheidet es sich durch ganz flache, nicht rinnenartige Blätter, kleinere Blumen, höheren, oben rispenförmig-ästigen Schaft, und von der Spielart des A. Liliago mit ästigem Schaft, durch alles übrige vorher angegebene. Die vorkommende einfache Spielart, das A. ramosum s. simplex, ist das A. ramosum nur in kleinerem Maße.

Fig. α. Die ganze Pflanze. b. Eine abgesonderte Blume. c. D. Die Kapsel.

Fieber.

Anthericum ramosum L.

Fieber pinx.

ARBUTUS alpina.

Alpen-Bärentraube.

Mit niederliegenden Stengeln, verkehrteyförmigen stumpfen runzlichten feinsägezähnigen Blättern und endständigen Blüthentrauben.

Wächst auf den Alpen von Oestreich, Kärnthen und Salzburg; auf der Pasterze bei Heiligenblut, auf der Kühetwegeralpe im Gailthale uud auf dem Untersberge bei Salzburg; blühet im Juni.

Ein unansehnlicher, niederliegender, ästiger, weitschweifiger Strauch, dessen Rinde sich sehr leicht abschält und dessen Blätter bei geringer Kälte gelb werden. Die holzichten mit braunrother, glatter Rinde überzogenen Stengel sind von der Dicke eines Federkiels und nur wenig mit Blättern und Blüthen besetzt. Die Blätter sind dunkelgrün, glatt, runzlicht, netzförmiggeadert, verkehrteyförmig, stumpf, feinsägezähnig, gefranzt, in dem Blattstiel auslaufend und stehen am Ende der jährigen Triebe mit den Blüthen büschelartig beisammen. Die Blüthen stehen auf kurzen, flachen, mit länglichten, hohlen, gelblichten, röthlicht gerandeten und filzicht gefranzten Deckblättern; gestützten Stielen zu 4—6, traubenartig beisammen. Der Kelch ist sehr klein, fünftheilig, mit spitzigen, grünlichten, häutigen Zipfeln. Die Blume ist röhricht-eyförmig, weiß, mit sehr kleinen zurückgeschlagenen feinhaarig-gefranzten Saum. Die 10 Staubgefäße sind nur halb so lang als die Blume und bestehen aus am Grunde erweiterten Fäden und länglichten, bräunlichten, gedoppelten und gegrannten Staubbeuteln. Die Beere ist kugelrund, grün, dann roth, und bei der gänzlichen Reife im folgenden Frühjahre schwarz, fünffächrig, einsamig: Die Samen länglicht, röthlicht, steinhart.

Fig. α. Ein Theil der Pflanze. b. Ein blühender Ast in natürlicher Größe. c. C. Blüthen. D. Die Blume aufgeschlitzt und ausgebreitet. E. Ein Staubgefäß. F. Der Stempel. G. Der Kelch von der hintern Seite. h. Ein Aestchen mit reifen Beeren. i. Ein Saame.

Hoppe.

X. 1.

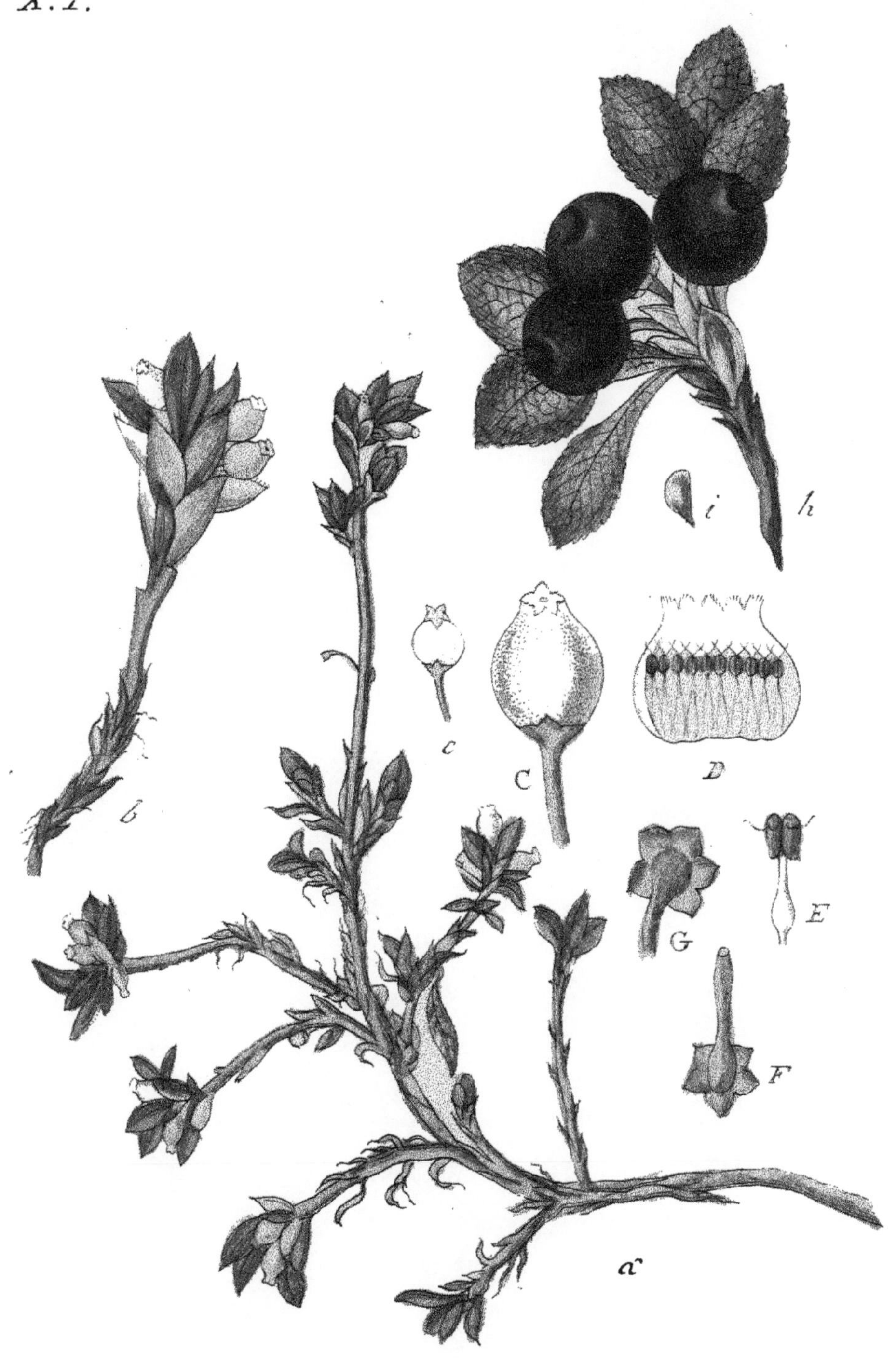

Arbutus alpina L.

DIANTHUS alpinus.

Alpen-Nelke.

Mit einblüthigen sehr kurzen Stengeln, gefärbten Kelchen, von denen die untersten Schuppen mit der Röhre fast gleich lang sind, verkehrteyförmig rundlichten gezähnten Blumenblättern, und fasrigten Wurzeln.

Wächst an grasichten Orten in den Alpen und Voralpen von Oestreich und blühet im Junius und Julius.

Die Wurzel besteht aus kurzen ästigen holzichten braunen Fasern, aus welcher mehrere Stengel mit Blätterbüscheln und Blüthen hervortreiben. Die Blätter sind hellgrün, flach-rinnenartig, gleichbreit, glatt, ganzrandig, stumpflich; die Stengelblätter stehen gegenüber und umfassen mit einer erweiterten Basis den Stengel, der kaum fingerlang, aufrecht und glatt ist. Die Kelche sind gefärbt, und die untersten Schuppen so lang als die Röhre desselben. Die Blüthen stehen einzeln an der Spitze der Stengel; die Blumenblätter sind verkehrt-eyförmig-rundlicht, mit gezähntem Rande, dunkelrosenroth, und an der Basis mit dunklern Flecken ringförmig geziert.

Dieß ist nun die ächte Alpen-Nelke, die fast ausschließlich nur im Herzogthum Oestreich auf niedern Alpen wächst, dahingegen Dianthus glacialis Haenke in Jacq. Coll. II. p. 84, den wir irrigerweise nach Willdenow im 28sten Hefte unter obigem Namen geliefert haben, nur in den Schneeregionen vom nördlichen Tyrol und Oberkärnthen vorkommt, und wesentlich von derselben verschieden ist, wie die Vergleichung zeigen wird.

Fig. α. Die ganze Pflanze. b. Eine Blüthe von der vordern-, c. von der hintern Seite, in natürlicher Größe.

Hoppe.

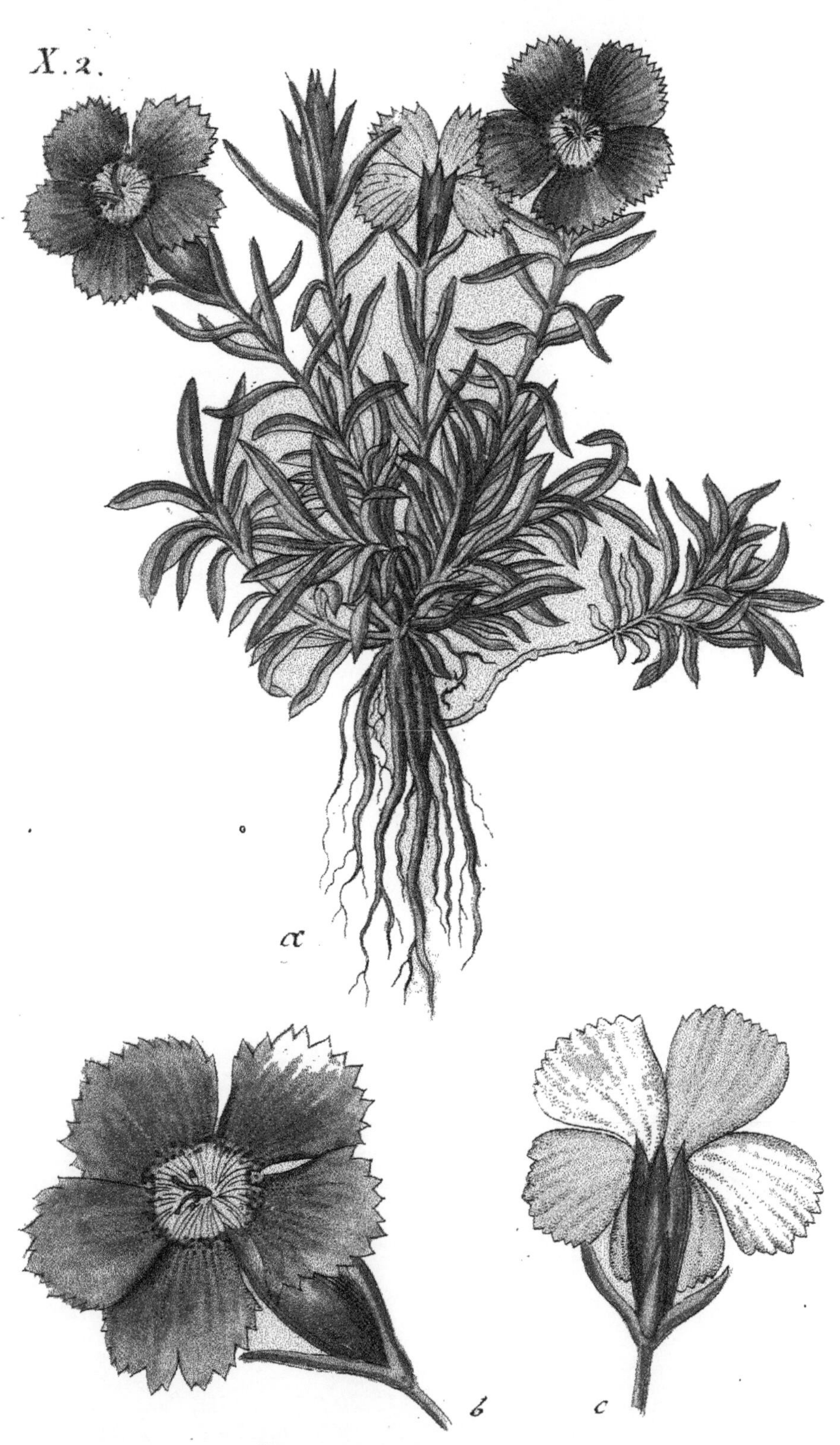

Dianthus alpinus L.

LYCHNIS alpina.

Alpen-Lichtnelke.

Mit einfachen, aufrechten, glatten, fingerlangen Stengeln, linealen-lanzettlichen Blättern, kopfförmigen Blüthensträußen und zweispaltigen Blumenblättern.

Wächst auf den höchsten Alpen an der Grenze von Ober-Kärnthen und Tyrol auf trockenen, sandigten Boden; auf dem Kolserthal und der Solmshöhe, und blühet im August.

Die fingerlange, einfache, mit wenig Fasern besetzte, erdfarbene Wurzel, geht senkrecht in die Erde. Die Wurzelblätter stehen gedrängt beisammen, bilden eine dichte Blätterrose und sind linealisch, oder lanzettförmig, ganzrandig, spitzig, blaßgrün, glatt. Die Stengel stehen einzeln oder auch zu 3—5 beisammen, sind aufrecht, fingerlang, ganz einfach, stielrund, gestreift, glatt, und mit einem oder zwei paaren Blättern besetzt. Die Blüthen stehen an der Spitze der Stengel in einem kopfförmigen Strauße, der mit läng-lichten, gefärbten Deckblättchen gestützt ist. Der Kelch ist röthlicht, röhricht, länglicht, aufgeblasen, stumpf-fünfzähnig. Die Blume ist röthlichtblau, mit gekröntem Schlunde und 5 länglichten, zweispaltigen Blumenblättern, über welche die Geschlechtstheile kaum hervor-ragen.

Fig. a. Die blühende Pflanze. b. Eine abge-sonderte Blüthe. C. Blumenblatt. D. Ge-schlechtstheile. E. Kelch. F. Deckblätt-chen.

Hoppe.

Lychnis alpina L.

Zwölfte Klasse. Fünfte Ordnung.

ADONIS vernalis. Lin.

Frühlings-Adonis.

Vieljährig mit 12 und mehreren lanzettförmigen, an der Spitze ausgebissenen, gezähnten Blumenkronenblättern; der Kelch behaart, 2mal kürzer als die Blumenkrone; mit schief-hakenförmigen Carpellen, und mit stiellosen, vielfach geschlitzten Blättern.

Auf sonnigen und grasigen Hügeln, auf Bergen an Feld- und Wegrändern. Blüht im April und Mai; perennirt.

Wurzelstock rundlich, außen schwarzbraun, innen schmutzig-gelblich, die Wurzeln in Mehrzahl, fadenförmig, braun. Aus dem Wurzelstock kommen mehrere Stengel hervor, die 1/2 bis 1 Fuß hoch, aufrecht, walzenrund, glatt, ganz einfach, oder mit 1 bis 3 aufrecht abstehenden Aesten versehen; am Grunde mit 2—3 braunen, häutigen, an der Spitze mit verkümmerten Blättern versehenen Scheiden besetzt sind, von der Mitte bis zur Blume beblättert. Die Aeste entweder schon während dem Blühen vorhanden, oder nach dem Blühen hervorsprossend; die während dem Blühen schon vorhandenen Aeste entweder Blumenlos, oder auch Blumentragend, und während der Fruchtreife über den Hauptstengel erhaben. Die Blätter abwechselnd sitzend, linienförmig flach, mit einer kurzen Weichspitze versehen.

Die Blumen gipfelständig einzeln, kurz gestielt, ziemlich groß. Der Kelch besteht aus 5 ausgehöhlten, eiförmigen, stumpfen, behaarten, violett-bräunlich oder purpurn gefärbten hinfälligen Blättern. Die Blumenkrone besteht aus 10—18 Blättern, die in zwei Reihen gestellt, lanzettförmig, an der Spitze ausgebissen gezähnelt, grünlich genervt; oberwärts hellgelb, außen grünlich, und 2—3mal so lang sind, als der Kelch.

Staubgefäße in großer Anzahl in mehreren Reihen gestellt, gelb. Der Fruchtboden während dem Blühen eiförmig-kugelig, bei der Fruchtreife länglich-cylindrisch.

Die Ovarien in einem kugeligen Kopf dicht zusammengestellt, der Griffel schief, einfach, gekrümmt.

Die Carpellen um den vergrößerten Fruchtboden in einer eiförmig-kugelförmigen Aehre dicht an einander gedrängt, wollig, unregelmäßig grubig und erhaben netzartig genervt, schief und hackenförmig geschnabelt, einsaamig. Der Saame, die Höhle des Carpellums ausfüllend, weiß.

Fig. α. Die ganze Pflanze. B. Der Staubfaden von der Vorderseite. c. Der Fruchtboden mit den Carpellen. d. D. Ein Carpell abgesondert. E. Dasselbe geschält. F. Dasselbe durchschnitten.

Fieber.

XII. 5.

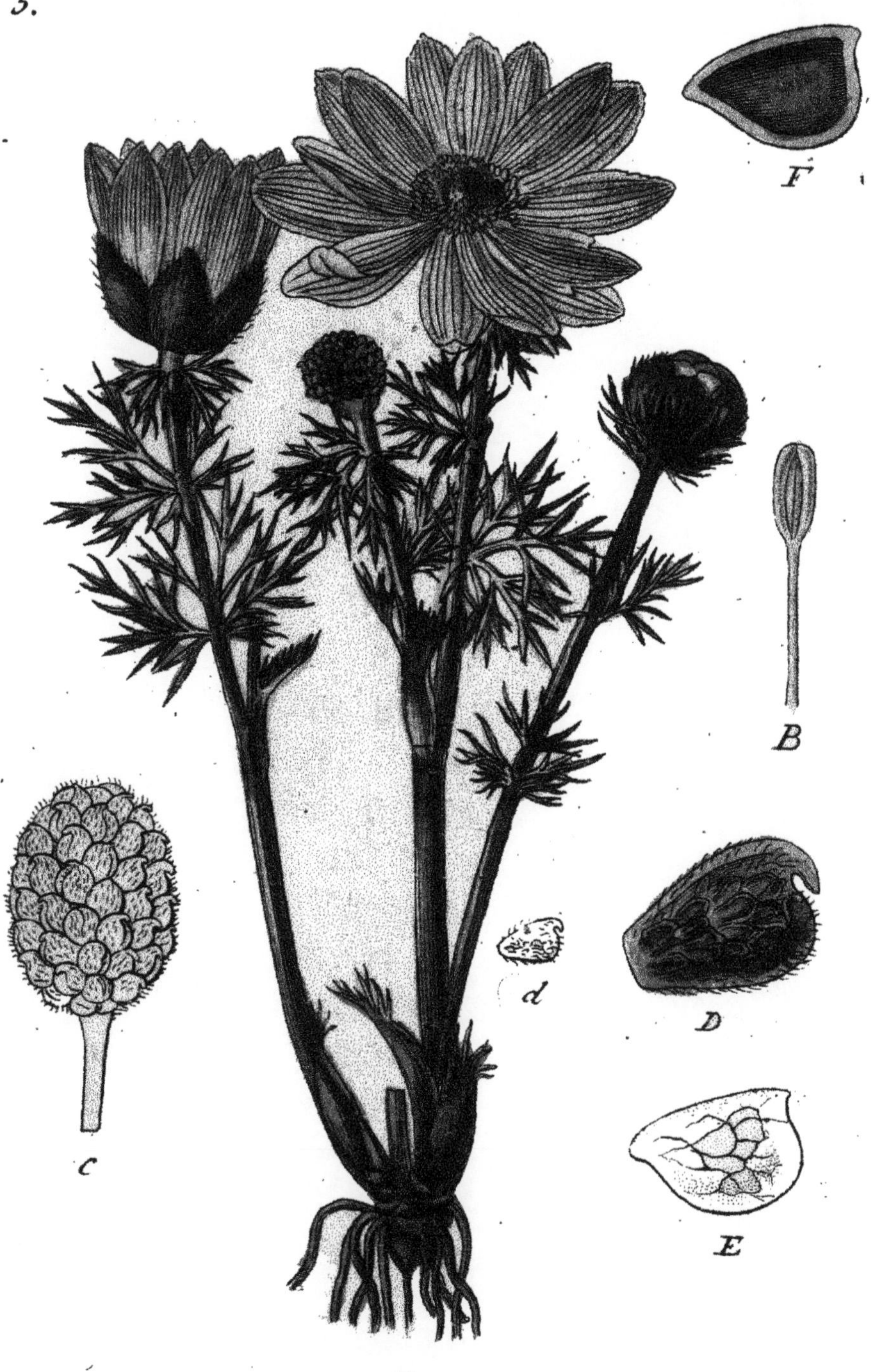

Adonis vernalis L.

Fiebei pinx

ANEMONE alpina.

Alpen-Anemone.

Mit dreifach zusammengesetzten gefiedertzerschnittenen Blättern, gestielten Wurzelblättern, ungestielten scheidenartig umfassenden dreizählichen Stengelblättern, lanzettlichen an der Spitze langbehaarten Lappen, und geschwänzten Samen.

Wächst auf den höchsten Alpen von Salzburg, Steiermark, Tyrol und Kärnthen, an feuchten graslosen Plätzen, besonders häufig auf der Pasterze, und blühet im Juli an Stellen wo eben der Schnee weggeschmolzen ist.

Die Wurzel ist fast spindelartig, zuweilen ästig, holzicht, fingerlang, schwarzbraun, inwendig weiß. Die Wurzelblätter stehen zu zwei auf flachen, behaarten Stielen, davon das eine früher hervorbricht und länger, das andere spätere kürzer gestielt ist, sind dreifach zusammengesetzt, gefiedertzerschnitten mit lanzettlichen, langbehaarten Lappen. Die Hüllblättchen gleichen den Wurzelblättern, stehen aber zu drei stiellos beisammen, und umfassen mit zusammengewachsener verbreiterter Basis den Stengel. Der Stengel ist finger- bis spannenlang, behaart, stielrund, einfach und vielblüthig. Die Blüthe steht an der Spitze des Stengels aufrecht und ist ansehnlich groß. Die Blume enthält 6—9 offenstehende, eyförmig-elliptische, geaderte, weiße, auf der hintern Seite bläulichte, behaarte Blumenblätter, mit vielen einen Zirkel bildenden Staubgefäßen und weißlichten, seidenhaarigen Griffeln, die zuletzt in geschwänzte Saamen übergehen.

Fig. a. Die blühende Pflanze. b. Ein Blumenblatt. c. C. Saamen. D. Derselbe im Durchschnitt.

Hoppe.

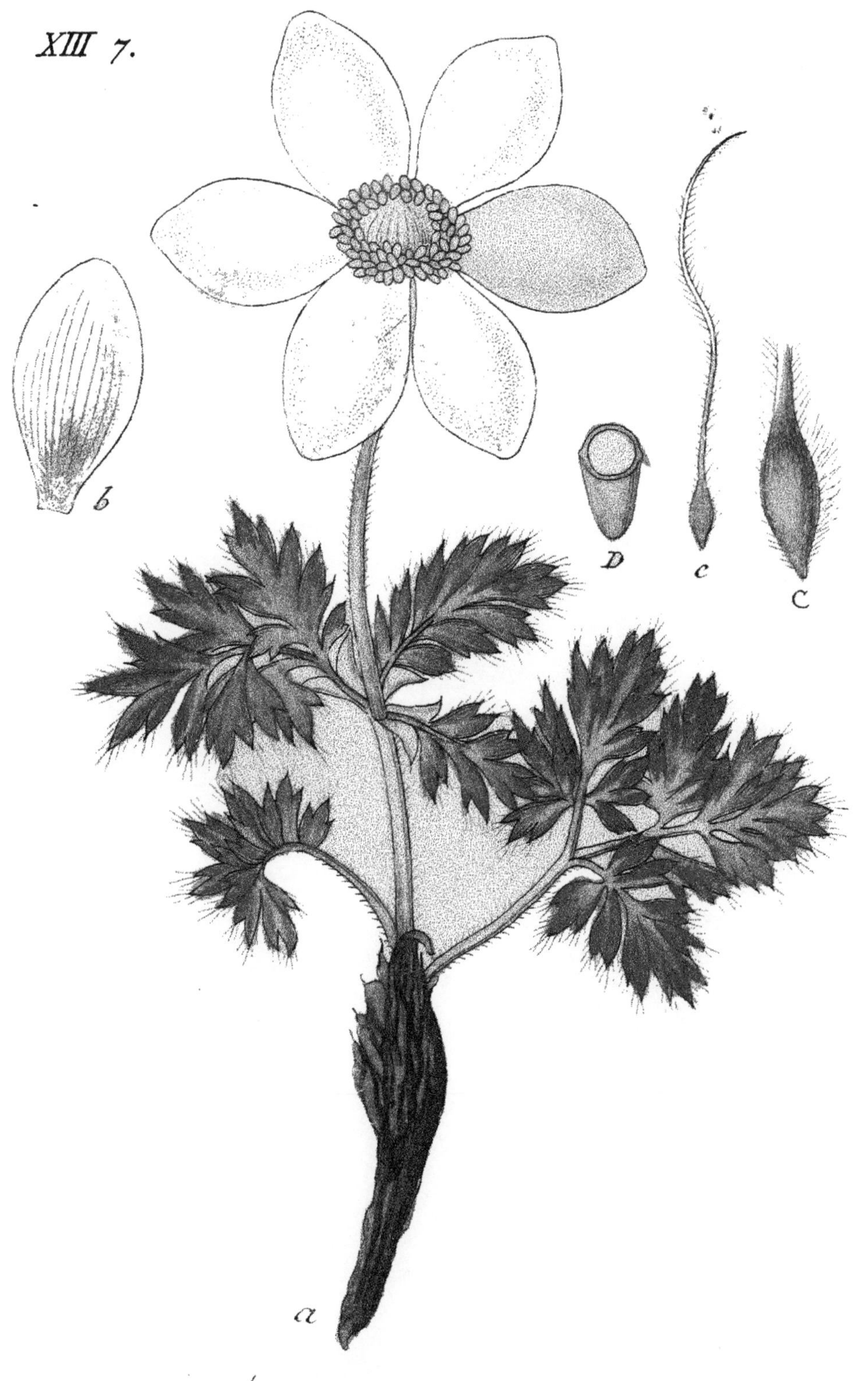

Anemone alpina L.

ANEMONE patens. L.

Ausgebreitete Anemone.

Mit spät erscheinenden, handförmigen, sehr tief dreitheiligen Blättern, dreilappigen Blattabschnitten, an der Spitze gezähnt eingeschnittenen Lappen, und aufrechter offener Blume.

Auf sonnigen Hügeln, bergigen Waldwiesen in Böhmen, Schlesien und Lausitz, in Bayern, in Preußen bei Danzig. Blüht im April und May.

Die Wurzel ist ausdauernd, vielköpfig, ein oder mehrere Stengel treibend, von außen braunschwarz, innen weißlich. Der Stengel fingerlang, nach dem Verblühen bis zur Saamenreife fortwachsend. An der Wurzel stehen die sich, nach dem Abblühen entwickelnden Blätter, deren Blattstiele flach, gestreift, behaart, und am Grunde mit dichtzottigen, seidenartig behaarten Scheiden bedeckt sind. Die Blätter sind immer handförmig, tief in drei Abschnitte getheilt, die Blattabschnitte dreilappig, mit, an der Spitze befindlichen, zahnartigen Einschnitten. Es kommen auch Blätter vor, wo die mittleren Abschnitte dreilappig, die Seitenabschnitte nur zweilappig, mit an der Spitze befindlichen zahnartigen Einschnitten versehen sind. Die Blattränder behaart, die untere Seite des Blattes, besonders die

Blattribben stark behaart; graugrün, oben dunkelgrün glänzend. Der Blüthenschaft dicht mit wagrecht abstehenden Haaren besetzt, einblüthig, nahe unter der Blume mit einer, den Stengel umfassenden Hülle versehen, welche vieltheilig, tief gespalten, und die ganze Hülle dicht mit weißen Seidenhaaren besetzt ist. Der Blumenstiel weiß-kurzwollig, während des Blühens und nach dem Abblühen fortwachsend. Die Blume aufrecht, sechsblättrig; die Blumenblätter eyrund, stumpf, die drei äußern an der Aussenseite mit seidenartigen anliegenden weißen Haaren bedeckt, die an der Spitze einen Büschel bilden; die drei inneren sind an der Außenseite weniger behaart, jedoch ebenfalls mit dem Haarbüschel an der Spitze versehen. Die innere Seite aller Blumenblätter ist glatt, und dunkler veilchenblau als die Außenseite. Die reife Frucht bildet einen kopfartigen Schopf, wovon die einzelnen reifen Saamen rund, die Griffel bleibend, und mit langen Zotten von weißen Haaren belegt sind.

Durch die Blattform unterscheidet sich diese Art von der nahverwandten Anemone Hakelii Pöhl *) und A. Halleri Willd.

Fig. α. Die ganze Pflanze. β. Ein Blatt. C. Ein halber Theil eines zweitheiligen Seiten-Abschnitts von der obern, D. von der untern Seite. E. Die Befruchtungswerkzeuge. F. Der reife Saamen.

Franz Xav. Fieber.

---

*) Die wir im 46ten Heft irrig für A. patens geliefert haben. Sturm.

D
C
E
F
a
Anemone patens L.
Hackelii Pohl.
F. X. Fieber pinx.

Dreizehnte Classe. Siebente Ordnung.

THALICTRUM alpinum.

Alpen-Wiesenraute.

Mit einfachen fast blattlosen Stengeln, einfachen endständigen Blüthentrauben, hängenden Blüthen und glatten doppeltgefiederten Blättern.

Wächst, nach Wulfen, auf der Höhe des, zwischen Kärnthen und Salzburg gelegenen Malnitzertanern und nach Elsmann, auf der Seiseralpe in Tyrol und blühet im Juli.

Die Wurzel läuft einige Zolllang wagrecht unter der Erde fort, ist dünn, einfach oder gablicht, mit wenigen Fasern versehen. Der Stengel ist fingerlang, einfach, aufrecht, glatt, nach unten zu grünlicht und eckigt, oberwärts stielrund und röthlicht, zuweilen mit einem Blatte besetzt. Die Wurzelblätter stehen auf flachen, ziemlich langen Stielen und sind doppelt gefiedert; die Fiedern bestehen höchstens aus zwei paar Blättchen mit einem ungleichen: die Blättchen sind stiellos, fast kreisrund, mit abgeschnittner Basis, dreilappig-gekerbt, mit rundlichten Einschnitten, dunkelgrün und glänzend, auf der untern Seite meergrün und mit ästigen, röthlichten Adern fast netzartig durchzogen. Die Blüthen stehen gegen die Spitze des Stengels zu 6—8 auf kurzen, mit eyförmig-lanzettlichen, ganzrandigen, röthlichen Nebenblättchen, gestützten Stielchen in einer einfachen, lockern, überhängenden Traube. Die Blume ist abstehend, hinfällig, vierblättrig: die Blättchen eyförmig, spitzig, grüngelblicht. Die Zahl der Staubgefäße beträgt in jeder einzelnen Blume kaum mehr als 12, die weit hervorragende, lineale Staubbeutel enthalten. Die Fruchtknoten sitzen zu 3—8 beisammen, sind länglicht-eyförmig, und mit einer sitzenden, kurzen, dicken Narbe versehen. Die Früchte sind eyförmig-länglicht, gestreift, glatt, stiellos, und mit einer gekrümmten Spitze besetzt.

Diese Art gehört zu den kleinsten ihrer Gattung und zu den seltenern Alpenpflanzen. Sie scheint in der Farbe der Blüthentheile abzuändern; Wulfen spricht von petalis atrorubentibus und Smith nennt sie albida. Wir finden sie von der Farbe der übrigen Arten nicht verschieden.

Fig. a. Die ganze Pflanze in natürlicher Grösse. B Der Abschnitt eines Stengels mit dem Nebenblatte und der Blüthe. C. Eine Blüthe mit den Geschlechtstheilen. d. Eine Fruchttraube. e. Ein Fruchtbündel. F. Eine abgesonderte Frucht.

Hoppe.

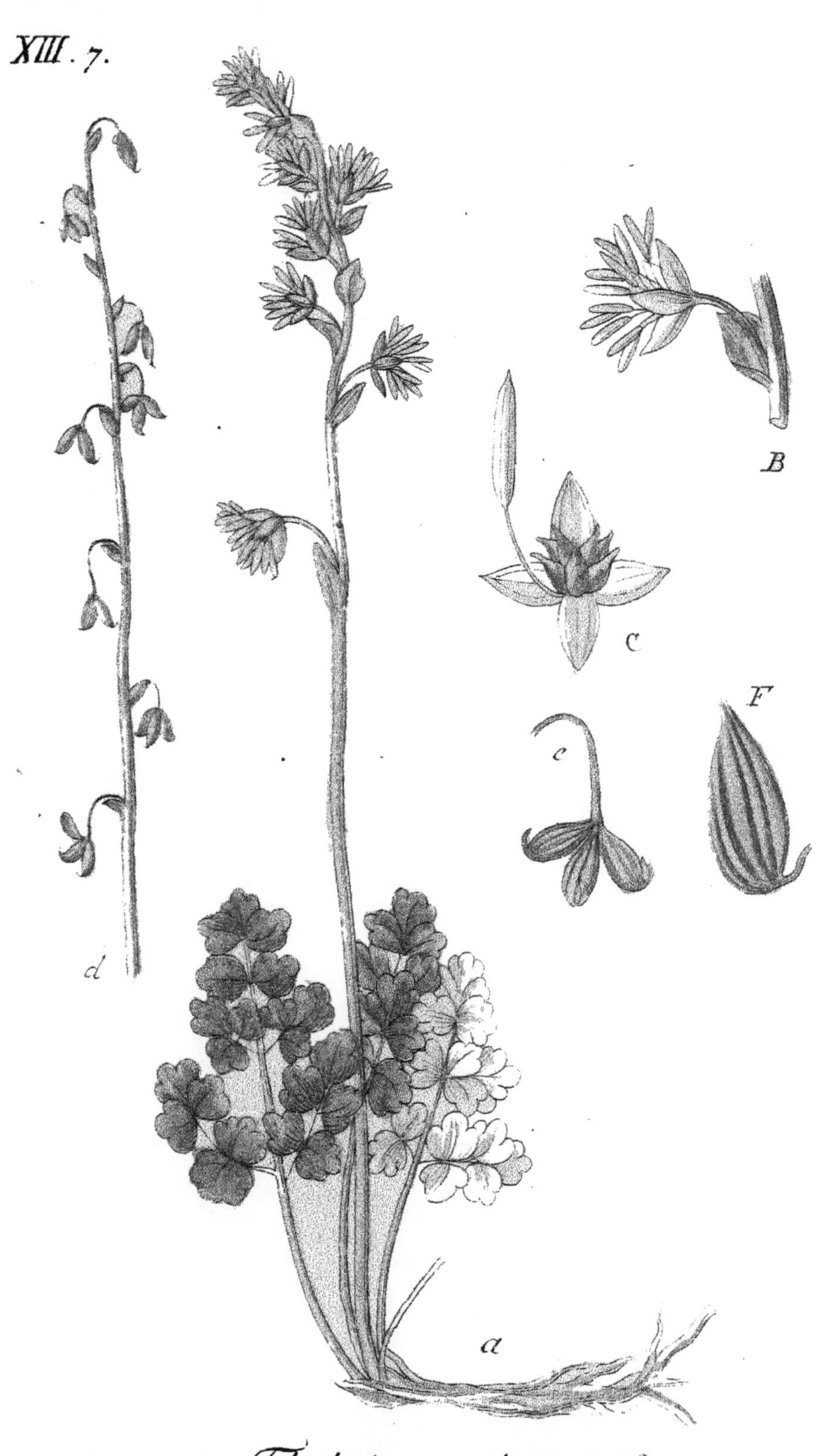

Thalictrum alpinum L.

Vierzehnte Classe. Erste Ordnung.

THYMUS alpinus.

Alpenthymian.

Mit sechs- bis achtblüthigen Quirlen, eyförmig-rundlichten spitzigen sägezähnigen glatten Blättern, aufsteigenden Stengeln und aufgeblasener Blumenröhre.

Wächst überall auf niedrigen Alpen und in Alpenthälern auf trockenen sandichtsteinigten grasleeren Plätzen und Mauern, und blühet den ganzen Sommer.

Die Wurzel ist braun, holzicht, lang und dünn, und mit vielen Fasern besetzt. Die zahlreichen Stengel liegen in der Runde an der Erde ausgebreitet, und sind späterhin aufsteigend, fast schuhlang, stielrund, behaart, einfach, oder besonders die mittelsten etwas ästig. Die Blätter stehen auf kurzen Stielen einander gegenüber, sind hellgrün, glatt: die untern oval und ganzrandig: die obern eyförmig, sägezähnig, spitzlich. Die Blüthen stehen zu vier bis sechs quirlenartig in den Blattwinkeln auf kurzen Stielen. Der Kelch ist röhricht, gestreift, behaart, grün, zuweilen blaulicht angelaufen, an der Spitze in fünf ungleich-langen grannenartigen Zähnen getheilt. Die Blume ist viermal größer als der Kelch, blaulichtroth, zweilippig: die Oberlippe aufgerichtet und ausgerandet: die Unterlippe dreilappig: der untere Lappe ausgerandet. Die Geschlechtstheile sind fast in der bauchigten Blumenröhre eingeschlossen, so daß nur die zwei längern Staubgefäße etwas hervorragen. Die Saamen sind rundlicht, bräunlicht und zu vier im bleibenden Kelch eingeschlossen.

Fig. a. Ein Theil der Pflanze. B. Der Kelch.

Hoppe.

XIV.1.
B
a
Thymus alpinus L.

STACHYS alpina.

Alpen-Ziest.

Grün, weichhaarig, mit sechsblüthigen Quirlen, herzförmiglänglichten knorplich-gekerbten, fast stiellosen Blättern, und flachen ausgerandeten Unterlippen.

Wächst in den Vorwäldern der Alpen und ist besonders häufig in den Schlagwäldern am Untersberge bei Salzburg; blühet im Junius.

Die Wurzel ist braun, sehr lang, ästig und reichlich mit Fasern besetzt. Die in Menge aus der Wurzel hervorkommenden Stengel sind einfach, aufsteigend, einen bis zwei Schuh hoch, viereckigt, gestreift, weichhaarig und mit zahlreichen Blätterpaaren besetzt. Die Blätter stehen gegenüber, sind auf beiden Seiten grün und behaart, runzlich, mit röthlichen Adern durchzogen, herzförmig-länglicht, mit verschmälerter Spitze und knorplich-gekerbten Rande; die untern größer und gestielt; die obern allmählig kleiner und stiellos. Die Blüthen bilden stiellose sechs bis acht blüthige Quirle und sind mit stark behaarten, braunen, lanzettlichen, gegrannten, ganzrandigen Deckblättern, die mit den Blumen von gleicher Länge sind, gestützt. Der Kelch ist röhricht-glockenförmig, behaart, am Grunde grün und in fünf braunen grannenartigen Zähnen ausgehend. Die Blume ist lippenförmig, röthlicht, weißlichtbunt. Die Oberlippe ist gewölbt und ausgerandet, die Unterlippe dreilappig: der mittlere Lappe abstehend, flach, ausgerandet. Die Saamen sind rundlicht, braun, glatt.

Fig. a. Der obere Theil des Stengels. b. Eine Blüthe. c. Der Kelch mit dem Deckblatte. d. Der trockne aufgeschlitzte Kelch mit den Saamen. E. Saamen. f. Ein Stück des eckigen Stengels. G. Der knorplich-gekerbte Rand eines Blattes.

Hoppe.

Stachys alpina L.

LINARIA alpina.

Alpen-Leinkraut.

Mit vierfachen lineal-lanzettlichen meergrünen ganzrandigen Blättern, weitschweifigen gestreckten Stengeln, traubenartigen Blüthen und graden Sporn.

Wächst auf den höchsten Alpen in der Nähe der Gletscher auf kiesigten Boden, steigt aber auch von da mit den Alpenbächen in die Ebenen und wuchert an den Ufern der Flüsse; besonders häufig auf der Pasterze am untersten Pasterzengletscher, am heiligen Blutertauern und blühet hier im August.

Die Wurzel ist fingerlang, dünn, hin und her gebogen, und mit Fasern reichlich besetzt. Sie treibt sehr viele schwache Stengel die in der Runde herum dicht am Boden anliegen, und sich erst später etwas aufrichten. Sie sind kaum fingerlang, flach, gestreift, glatt, und besonders unten sehr stark beblättert. Die Blätter stehen gewöhnlich zu vier, quirlartig um den Stengel, sind kurz, lanzettartig, ganzrandig, meergrün und glatt. Die Blüthen stehen an der Spitze der Stengel in einer lockern Traube. Der Kelch ist fünftheilig, von der Form der Blätter und von ungleicher Länge, so daß die zwei etwas entfernt stehenden untern Zipfel am kürzesten sind. Die Blume ist verhältnißmäßig sehr groß, larvenartig, gespornt mit aufgeblasener Röhre und zweilippigen Saum: die Oberlippe zweitheilig, die Unterlippe dreitheilig; beide wie der lange grade Sporn von dunkelblauer Farbe, mit welcher der goldgelbe oder feuerfarbene Saum sehr lebhaft absticht. Die Geschlechtstheile sind in der Blume eingeschlossen. Die Kapsel ist eyförmig, an der Spitze vielklappig, viele flache, schwarze, nierenförmige Saamen enthaltend.

Fig. a. Die ganze Pflanze. b. B. Der abgesonderte Kelch mit Fruchtknoten und Griffel. C. Fruchtknoten mit dem Griffel. d. Die Kapsel. e. E. Saame.

Hoppe.

XIV. 2.

Linaria alpina Pers.

THLASPI alpinum.

Alpen-Täschelkraut.

Mit fast ganzrandigen Blättern verkehrteyförmigen gestielten Wurzelblättern, eyförmig-länglichten fast pfeilförmig umfassenden Stengelblättern, halb so langen Staubgefäßen als die Blumen, verkehrteyförmiglen zugerundeten stumpflichen Blumenblättern, länglichtverkehrtherzförmigen 4—6saamigen Schötchen, ausgerandeten viermal kürzern Griffeln als das Schötchen, und sprossenartigen Stengeln.

Vergl. Koch in Syllog. plant. I. p. 31.

Wächst in Alpengegenden von Mitterkärnthen, auf der Selenitze, und besonders häufig im Rabelthale, blühet hier im April, dort im Juni.

Die zuweilen einen Schuh lange, sehr dünne, einfache oder gabelartig getheilte Wurzel ist vielköpfig und treibt mehrere sprossenartige, fingerlange, aufsteigende, glatte, röthlichte mit zahlreichen Blättern und Blüthen besetzte Stengel. Die Wurzelblätter sind hellgrün, glatt, in dem Blattstiel auslaufend, eyförmig-rundlicht, ganzrandig, glatt, und in eine Blätterrose ausgebreitet. Die Stengelblätter stehen wechselseitig, sind verkehrt eyförmig-länglicht, und umfassen mit einer herzförmig-pfeilartigen Basis den Stengel. Die Blüthen bilden eine kurze rundlichte Endtraube, und sind mit den Blüthenstielen von gleicher Länge. Die Blumenblätter sind schneeweiß, verkehrteyförmig, zugerundet, und dreimal größer als die ovalen grünlichtweißen Kelchblättchen. Die Schötchen sind ganz glatt, hellgrün, länglicht-verkehrtherzförmig, größer als die Fruchtstiele und Griffel, und enthalten 4—6 Saamen.

Ueber die Verschiedenheit dieser Pflanze von Thlaspi montanum und praecox vergleiche man Koch in der angeführten Sylloge plant. p. 29. u. f.

Fig. a. Die ganze Pflanze. b. B. Das junge Schöttchen. C. Ein reifes Schöttchen. D. Die eine Hälfte desselben, daß man die Saamen liegen sieht.

Hoppe.

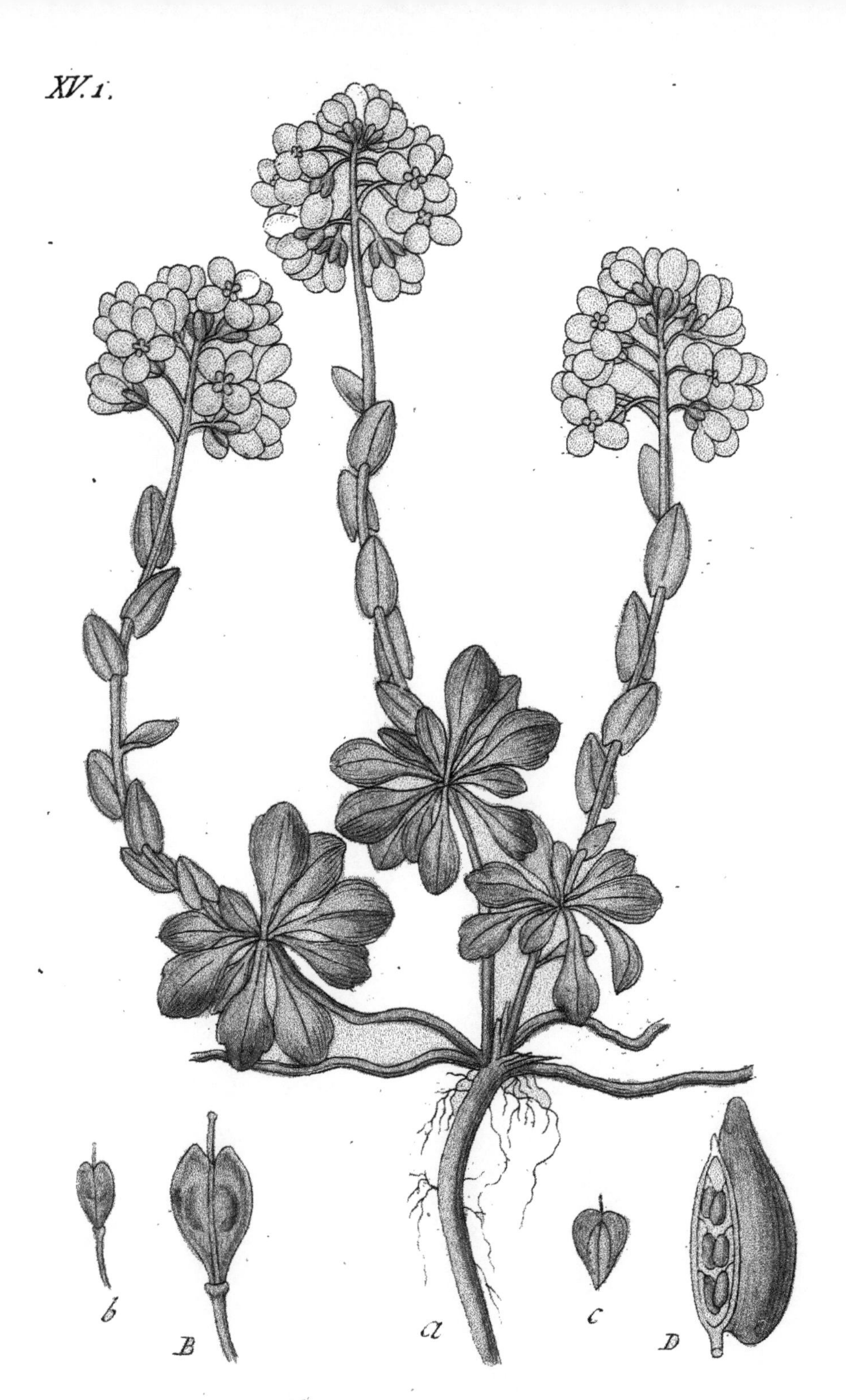

Thlaspi alpinum Jacq.

Neunzehnte Classe. Erste Ordnung.

SCORZONERA alpina.

Alpen-Haferwurz.

Mit linealen an beiden Enden verschmälerten glatten einnervigen Blättern, einfachen einblättrigen und einblumigen Stengeln, wellenförmig gerandeten untern Kelchschuppen und faserlosen Wurzelköpfen.

Wächst an grasreichen Plätzen auf steinigten Alpwiesen von Tyrol und Kärnthen; bei Heiligenblut auf der rechter Hand gelegenen Pasterze im Hinaufsteigen zur Wolfgangshütte, dann auf ähnlichen Plätzen am Fuße des Kaiserrothkopfs in Gesellschaft von Hieracium dentatum und Senecio Doronicum. Blühet im Julius.

Die etwas holzichte, einfache, fast spindeliche, tief in die Erde dringende Wurzel ist am Kopfe nackt und mit gar keinen faserichten Ueberzug besetzt. Mehrere Stengel und Blätter entspringen aus einer Wurzel. Die ganz glatten, nur mit einem einzigen Nerven durchzogenen Blätter, sind von ungleicher Länge und Breite; einige kürzer, andere länger als die Stengel; einige kaum eine Linie, andere drei Linien breit, daher mehr oder weniger linealisch-lanzettförmig, alle aber an beiden Enden verschmälert, und ganz ohne eigentlichen Blattstiel. Die Stengel werden 1 1/2 Schuh hoch, sind ganz einfach, stielrund, glatt, ge-

16

streift, blattlos, oder nur mit einem einzigen, sehr schmalen, fingerlangen Blatte besetzt. Die Blüthe ist groß, mit ziegeldachartigem Kelch von denen die untersten Schuppen aus einer breitern Basis in einer verschmälerten Spitze übergehen und häutig-wellenförmig gerandet, die obern aber gleichbreit und einfach gerandet sind. Die Zungenblumen sind goldgelb, und wie gewöhnlich linealisch, mit stumpfer gekerbter Spitze.

Die Saamen sind länglicht, fast gekrümmt, gestreift, und mit einem sehr weißen gestielten Pappus gekrönt.

Die bei Triest häufig wachsende Scorzonera austriaca Willd., die mit Sc. humilis und angustifolia L. (nicht lanata Schrank) einerlei ist, unterscheidet sich von dieser, wie ich in der Flora umständlich erörtern werde, außer dem Standorte noch dadurch daß die Wurzelköpfe mit den Fasern der vorjährigen Blätter fast nezartig bedeckt und die Blätter deutlich gestielt und mehrnervig sind.

Fig. a. Die ganze Pflanze. b. Ein einzelnes Randblüthchen. c. Der Kelch.

Hoppe.

Lightning Source UK Ltd.
Milton Keynes UK
UKHW010612120219
337137UK00007B/1408/P

9 780331 011210